"十三五"国家重点图书出版规划项目
国产数控系统应用技术丛书

丛书顾问◆中国工程院院士　段正澄

华中数控系统连接与调试手册

主　编　陈吉红　杨　威　孙海亮
副主编　蒋保涛　周　星　陈　亭　任群生

U0344961

华中科技大学出版社
中国·武汉

内 容 简 介

　　本书主要内容包括 HNC-8 系列数控系统调试准备、HNC-8 系列数控系统的连接、HNC-8系列数控系统的参数设置、HNC-8 系列数控系统 PLC 调试、HNC-8 系列数控系统的运行与调整等部分，书中以华中 HNC-8 系列数控系统为阐述对象，系统地讲述了数控系统各个部件的工作原理、主要特性，整机调试与 PLC 编程的内容与方法。

　　本书可作为从事数控机床设计、使用、调试、维修等各类工程技术人员的培训教材和参考书，也可作为高等工科院校和高等职业院校机械制造、机电一体化、数控技术等专业的教材。

图书在版编目(CIP)数据

华中数控系统连接与调试手册/陈吉红,杨威,孙海亮主编.—武汉：华中科技大学出版社，2017.12(2025.1重印)
　(国产数控系统应用技术丛书)
　ISBN 978-7-5680-1641-4

　Ⅰ.①华…　Ⅱ.①陈…　②杨…　③孙…　Ⅲ.①数控机床-电气控制-手册　②数控机床-调试程序-手册　Ⅳ.①TG659-62

中国版本图书馆 CIP 数据核字(2016)第 059857 号

华中数控系统连接与调试手册　　　　　　　　　　　陈吉红　杨威　孙海亮　主编
Huazhong Shukong Xitong Lianjie yu Tiaoshi Shouce

策划编辑：万亚军
责任编辑：刘　飞
封面设计：原色设计
责任校对：张　琳
责任监印：周治超
出版发行：华中科技大学出版社(中国·武汉)　　　电话：(027)81321913
　　　　　武汉市东湖新技术开发区华工科技园　　　邮编：430223
录　　排：武汉三月禾文化传播有限公司
印　　刷：北京虎彩文化传播有限公司
开　　本：710mm×1000mm　1/16
印　　张：10.75
字　　数：202 千字
版　　次：2025 年 1 月第 1 版第 8 次印刷
定　　价：48.00 元

前言
QIANYAN

随着数控技术的快速发展,普通机械设备日益被高效率、高精度的数控机械设备所代替,作为"工业母机"的数控机床则是数控机械设备的典型代表。特别是 21 世纪以来,我国数控机床的数量、品种急剧增加,应用范围迅速扩大,数控技术全面普及,在这种背景下,企业急需大批掌握与数控系统、产品应用相关的技术人员。

数控系统作为数控机床的核心,包括了数控单元、进给驱动、主轴驱动以及测量检测装置等子系统。其应用涉及部件选型、电气设计、电磁兼容设计、机床精度测量与补偿、进给驱动与主轴驱动系统的特性调整与优化、PLC 编程等多个环节。能在较短的时间内掌握数控系统的基本原理与应用技巧,是数控技术得以推广的关键,也是各企业数控机床电气工程师关注的要点。

本书以武汉华中数控股份有限公司的主流产品为阐述对象,介绍了数控机床系统的电气连接与控制,接口特性,整机调试,PLC 设计,数控系统的维护、维修,数控机床设计时的选型,整机调试与 PLC 编程等方面的内容。本书力求让读者能够在较短时间内对数控系统有一个全面的了解,能够基本掌握数控机床电气控制部分的设计与调试方法,并应用于实际工作中。

本书由陈吉红、杨威、孙海亮担任主编,蒋保涛、周星、陈亭、任群生担任副主编。限于编者的水平,加上数控技术日新月异的发展,许多问题还有待探讨,本书中的疏漏与不妥之处在所难免,恳请读者不吝赐教,提出宝贵的意见。

本书中涉及的相关产品,由于改进、升级的需要,部分参数等难免发生变化而与本书的内容不完全一致,但技术内容参考价值不变,请读者谅解。

编　者
2017 年 3 月

本手册中标识的含义说明

符号	含义	符号	含义
(!)	必须操作	⃠	禁止操作
!	特别重要内容	【 】	默认或初始设置
——	连线及设备边界	━━	成组线缆
⇐⇒	信号等的传播方向	⟺	交换
●	短接点	○	接线端子
⊰	成组线缆分离（1）	⊰	成组线缆分离（2）
⬭	屏蔽层	⏚	接地
⤙	常开常闭无源触点	⊏▢⊐	线圈
‖	插头插座	▬■	传感器
⊙	编码器	⏆	电动机
⊗	指示灯	▭	机械连接
▨▨	变速机构		

注：本手册中重要的部分，也常用黑体字表示。

目录

MULU

第1章 使用前注意事项 »»»»»»

1.1 运输与储存

⚠ 本产品必须按其重量正确运输。

🚫 堆放产品不可超过规定数量。

🚫 不可在产品上攀爬或站立,也不可在上面放置重物。

🚫 不可用与产品相连的电缆或器件对产品进行拖动或搬运。

🚫 前面板和显示屏应特别防止碰撞与划伤。

⚠ 储存和运输时应注意防潮。

⚠ 如果产品储存已经超过限定时间,请及时与厂家联系。

1.2 安　　装

⚠ 数控装置的机壳非防水设计,产品应安装在电柜中无雨淋和直接日晒的地方。

⚠ 本产品与控制柜机壳或其他设备之间,必须按规定留出间隙。

🚫 产品安装、使用应注意通风良好,避免可燃气体和研磨液、油雾、铁粉等腐蚀性物质的侵袭,避免让金属、机油等导电性物质进入其中。

🚫 不可将产品安装或放置在易燃易爆物品附近。

🚫 产品安装必须牢固,无振动。安装时,不可对产品进行抛掷或敲击,不能对产品有任何撞击或负载。

🚫 请勿堵塞伺服驱动器的进气口和出气口,也不要让异物进入产品内部。

1.3 接　　线

⚠ 参加接线与检查的人员,必须具有完成此项工作的能力。

⚠ 数控装置必须可靠接地,接地电阻应小于 4 Ω。切勿使用中性线代替地线。否则可能会因受干扰而不能稳定正常地工作。

⚠ 接线必须正确、牢固,否则可能产生错误动作。

🚫 数控装置到驱动单元的通信电缆,速度/位置传感器到驱动单元的反馈电缆,均不要通过端子和插头进行转接。否则数控装置可能因易受干扰而不能正常工作。

⚠ 任何一个接线插头上的电压值和正负(＋、一)极性,必须符合说明书的规定,否则可能发生短路或设备永久性损坏等故障。

⚠ 受数控装置 PLC 输出信号控制的直流继电器上的电涌吸收二极管,必须按规定方向(见图 1-1)连接,否则可能损坏数控装置。

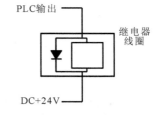

图 1-1　连接电涌吸收二极管

⚠ 在插拔插头或扳动开关前,手指应保持干燥,以防触电或损坏数控装置。

🚫 连接电线不可有破损,不可受挤压,否则可能发生漏电或短路。

🚫 不能带电插拔插头或打开数控装置机箱。

⚠ 请确认交流主回路电源的电压与驱动单元的额定电压一致。

🚫 请勿将电源线接到伺服驱动单元的输出 U、V、W 端子上。

🚫 请勿将电容及 LC/LR 噪声滤波器接入伺服驱动单元的 U、V、W 输出回路。

🚫 请勿将电磁开关、电磁接触器接入伺服驱动单元的 U、V、W 输出回路。

⚠ 伺服驱动器在接线前,请确认输入电源是否处于 OFF 状态。

⚠ 急停回路接线完成后,请一定检查动作是否有效。

🚫 请勿触摸输出端子,伺服驱动器的输出线切勿与外壳相连,输出线切勿短路。

1.4　运行与调试

🚫 确认外部连接安装好后,在电源通电中,请勿进行拆卸。

⚠ 运行前,应先检查参数设置是否正确。错误设定会使机器发生意外动作。

🚫 参数的修改必须在参数设置允许的范围内,超过允许的范围可能会导致运转不稳定及损坏机器的故障。

ⓘ 检查伺服电动机的电缆与码盘线是否一一对应。

ⓘ 在运行前请再一次确认电动机及机械使用允许范围等事项。

⊘ 运行时或者电源刚刚切断时,驱动单元的散热器、制动电阻、电动机等可能处于高温状态,请勿触摸。

1.5 使 用

ⓘ 使用人员必须具备能胜任本项工作的能力。

⊘ 插入电源前,确保开关在断电的位置上,避免偶然启动。

ⓘ 进行电气设计时,应考虑数控装置的急停按钮能在系统发生故障时,切断伺服、主轴及其他移动部件的动力电源。

ⓘ 在设计或修改 PLC 程序时,应注意在复位报警信号之前,必须确认运行信号已经切断。例如,在复位主轴报警信号时,应保证主轴旋转控制信号是关闭的。

⊘ 不可对设备进行改装。

ⓘ 系统附近如果有其他电子设备,则可能产生电磁干扰,应接入一个低通滤波器以削弱其影响。

⊘ 不可对系统频繁通、断电。停电或断电后,若须重新通电,间隔时间至少为 3 分钟。

ⓘ 操作时,操作者应保持手指干燥、清洁、无油污。建议用户保留操作面板上的透明保护薄膜。

⊘ 按键操作时,用力不可过猛、过大。严禁采用扳手、工件等尖、硬物品敲击键盘。

⊘ 设备运行时,操作人员不得离开设备。

1.6 维 修

ⓘ 在检修、更换和安装元器件前,必须切断电源。

ⓘ 发生短路或过载时,应检查并排除故障后,方可通电运行。

ⓘ 发生警报后,必须先排除故障,方可重新启动。

⊘ 系统受损或零件不全时,不可进行安装或操作。

Ⓘ 由于电解电容器老化，可能会引起系统性能下降。为了防止由此引发的故障，在通常环境下应用时，电解电容器最好至少每 5 年或 3 万小时更换一次。有关问题，请随时与厂家联系。

⊘ 驱动单元在断电后，高压会保持一段时间，断电 5 分钟内请勿拆卸电线，不要触摸端子。

1.7 废品处理

Ⓘ 将废品作为普通工业废品处理。

1.8 一般说明

Ⓘ 产品投入使用时，必须按照产品说明书的要求，将盖板和安全防护安装好，并按照产品说明书的规定进行操作。

第2章 HNC-8系列数控系统调试准备 》》》》》》

HNC-8 系列数控系统是全数字总线式数控系统,支持总线式全数字伺服驱动单元和绝对值式伺服电动机,支持总线式远程 I/O 单元,集成手持单元接口。主要应用于数控车削中心、铣削中心、车铣复合、多轴、多通道等高档数控机床。

2.1 脱 机 调 试

为了防止出现意外,驱动单元、电动机在和执行机构连接之前先脱机调试。在调试大型机床时,本环节尤为重要。

具体步骤如下。

(1)将驱动单元、电动机放置于平坦、安全的位置(如地面)。

(2)只连接驱动单元和电动机,将驱动单元设为内部使能,检测运转情况。

(3)检测动力线的 U、V、W 的相序是否正确。

(4)将系统与驱动单元、驱动单元与电动机连接起来,将驱动单元的参数恢复为外部使能,通过观察驱动单元上的指示灯或查看设备接口参数来判断通信是否正常,如果部分设备没显示出来,则需要逐一连接,一个一个进行故障排除。

(5)检查数控系统能否正确控制驱动单元和电动机的动作,驱动单元和电动机的工作状态是否平稳且达到设计功率。

(6)调试 PLC,检查急停点位。

2.2 各模块概述

2.2.1 HNC-8 系列数控装置的接线示意图
HNC-8 系列数控装置的接线示意图如图 2-1 所示。

2.2.2 数控系统
数控系统如表 2-1 所示。

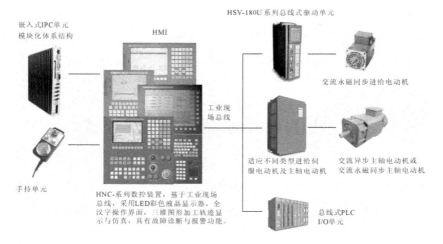

图 2-1　HNC-8 系列数控装置的接线示意图

表 2-1　数控系统

（1）HNC-8 系列目前包括 808e、808、818A、818B、848C 系列。

HNC-808e 系列：9 寸 LED 液晶显示器，分辨率为 800×480。

HNC-808 系列：8.0 寸 LED 液晶显示器，分辨率为 800×600。

HNC-818A 系列：8.4 寸 LED 液晶显示器，分辨率为 800×600。

HNC-818B 系列：10.4 寸 LED 液晶显示器，分辨率为 800×600。

HNC-848C 系列：15 寸 LED 液晶显示器，分辨率为 1024×768。

（2）808e 系列最大通道数为 1 通道，每通道最大联动轴数为 2，每通道最多主轴数为 1。其他系列最大通道数为 10 通道，每通道最大联动轴数为 9，每通道最多主轴数为 4，最大同时运动轴数为 64。

（3）插补周期为 4 ms～0.125 ms。

（4）最小输入单位 10^{-6} mm/deg/inch。

（5）加工断点保存/恢复功能。

（6）反向间隙和单、双向螺距误差补偿功能。

（7）内置 RS232 通信接口，轻松实现机床数控通信。

（8）支持高速以太网数据交换。

（9）1 MB 程序断电存储区，支持 CF 卡扩展，最大至 2 GB。

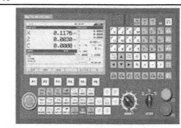

HNC-808e

HNC-808

HNC-818A

续表

（10）支持 USB 热插拔。 （11）1 GB RAM 加工内存缓冲区。 （12）自定义 G 代码功能。 （13）采用国际标准 G 代码编程,与各种流行的 CAD/CAM 自动编程系统兼容。 （14）具有直线插补、圆弧插补、极坐标插补、圆柱面插补、螺旋线插补等,支持旋转、缩放、镜像、固定循环、螺纹切削、刀具补偿、用户宏程序、软限位等功能。 （15）支持龙门轴同步、动态轴释放/捕获、通道间同步等功能。 （16）小线段连续加工功能,特别适合于 CAD/CAM 设计的复杂模具零件加工。 （17）采用总线式 PLC I/O 单元,输入/输出最多分别支持 4096 点。 （18）总线设备间最大距离可达 50 m	 HNC-818B  HNC-848C

2.2.3　IPC 单元

IPC 单元如表 2-2 所示。

表 2-2　IPC 单元

IPC 单元是 HNC-8 数控系统的核心控制单元,相当于网络中的服务器。 POWER:24 V 电源接口; ID SEL:设备号选择开关; PORT0～PORT3:NCUC 总线接口; USB 0:外部 USB 1.1 接口; RS232:内部使用的串口; VGA:内部使用的视频信号口; USB 1&USB 2:内部使用的 USB 2.0 接口; LAN:外部标准以太网接口	

2.2.4　UPS 开关电源

UPS 开关电源如表 2-3 所示。

表 2-3　UPS 开关电源

UPS 开关电源(HPW-145U)是 HNC-8 系列数控系统所需的开关电源,该开关电源具有掉电检测及 UPS 功能。共有 6 路额定输出电压 DC＋24 V,总额定输出电流 6 A,额定功率 145 W,具有短路保护、过流保护功能。 UPS 开关电源(HPW-85U)是 HNC-808e 数控系统所需的开关电源,该开关电源具有掉电检测及 UPS 功能。共有 2 路额定输出电压 DC＋24 V,总额定输出电流 3.5 A,额定功率 85 W,具有短路保护、过流保护功能	 HPW-145U　　HPW-85U

2.2.5 总线式 I/O 单元

总线式 I/O 单元如表 2-4 所示。

表 2-4 总线式 I/O 单元

1. HIO-1000 系列

（1）通过总线最多可扩展 16 个 I/O 单元；

（2）采用不同的底板子模块可以组建两种 I/O 单元，其中 HIO-1009 型底板子模块可提供 1 个通信子模块插槽和 8 个功能子模块插槽，组建的 I/O 单元称为 HIO-1000 A 型总线式 I/O 单元；HIO-1006 型底板子模块可提供 1 个通信子模块插槽和 5 个功能子模块插槽，组建的 I/O 单元称为 HIO-1000 B 型总线式 I/O 单元；

HIO-1000 系列，
采用 HIO-1009 底板子模块

（3）功能子模块包括开关量输入/输出子模块、模拟量输入/输出子模块、轴控制子模块、温度检测模块、手摇控制模块等；

开关量输入/输出子模块——提供 16 路开关量输入或输出信号；

模拟量输入/输出子模块——提供 4 通道 A/D 信号和 4 通道的 D/A 信号；

轴控制子模块——提供 2 个轴控制接口，包含脉冲指令、模拟量指令和编码器反馈接口；

（4）开关量输入子模块有 NPN、PNP 两种接口可选，输出子模块为 NPN 接口，每个开关量均带指示灯。

HIO-1000 系列，
采用 HIO-1006 底板子模块

2. HIO-1200 系列

（1）支持 NCUC 火线接口；

（2）HIO-1200 型 I/O 单元提供 24 输入信号、16 输出信号、一组编码器反馈、一组模拟量输出；扩展可支持 72 输入信号、48 输出信号；

（3）开关量输入支持 NPN、PNP 兼容，输出子模块为 NPN 接口

HIO-1200 系列

2.2.6 总线式伺服驱动单元

总线式伺服驱动单元如表 2-5 所示。

表 2-5　总线式伺服驱动单元

（1）HSV-160U 低压系列：10A、20A、30A、50A、75A、100A 共 6 种规格；HSV-180U 高压系列：35A、50A、75A、100A、150A、200A、300A、450A 共 8 种规格。 （2）采用统一的编码器接口，可以适配复合增量式光电编码器、全数字绝对式编码器、正余弦绝对式编码器。 （3）支持 EnDat2.1/2.2，BISS，HiperFACE，TAMAGAWA 等数字串行绝对式编码器通信协议，支持单圈/多圈绝对值处理。 （4）采用工业以太网总线接口，支持 NCUC 和 Ether-CAT 两种总线数据链路层协议，实现和数控装置的高速数据交换，如状态监视、参数修改、故障诊断等功能。 （5）通过集成不同的软件模块，可以适配伺服电动机、主轴电动机、力矩电动机等类型的电动机	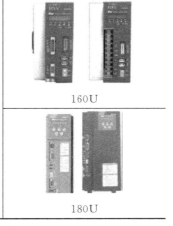 160U 180U

2.3　安　装　尺　寸

2.3.1　HNC-8 系列数控装置

HNC-8 系列数控装置外观尺寸如图 2-2 至图 2-6 所示。

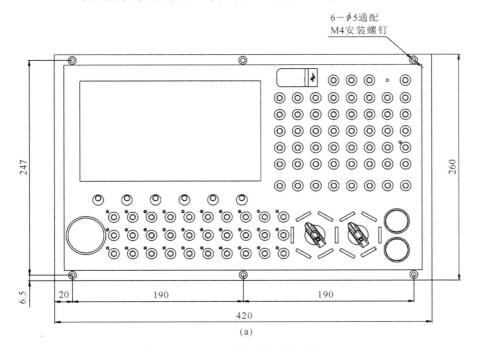

(a)

图 2-2　808e 系列数控装置外观尺寸

(a) 正视图　(b) 侧视图　(c) 俯视图

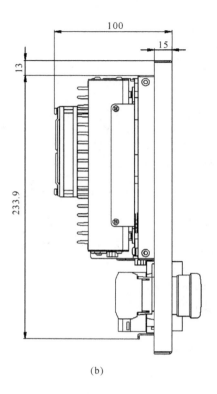

(b)

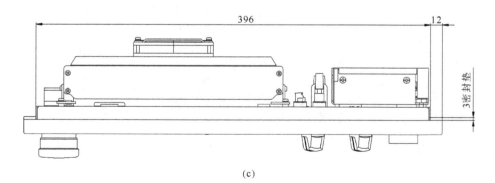

(c)

续图 2-2

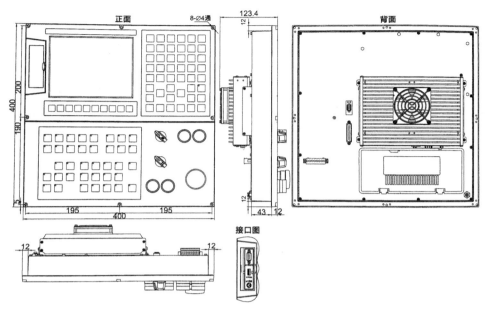

图 2-3　808 系列数控装置外观尺寸

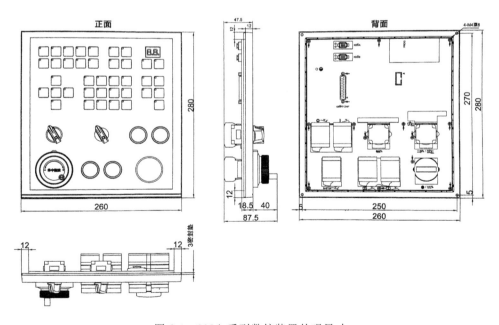

图 2-4　818A 系列数控装置外观尺寸

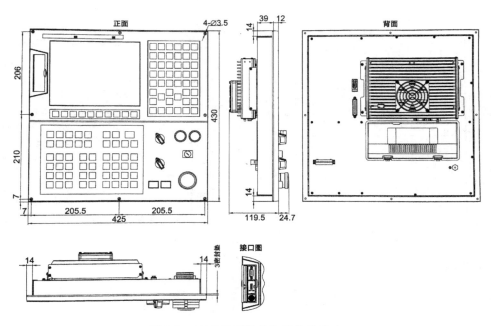

图 2-5　818B 系列数控装置外观尺寸

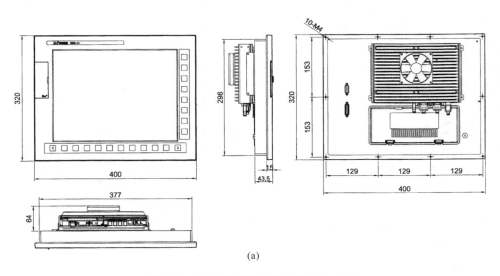

(a)

图 2-6　848C 系列数控装置外观尺寸图

（a）848C 系列数控装置上面板　（b）848C 系列数控装置下面板

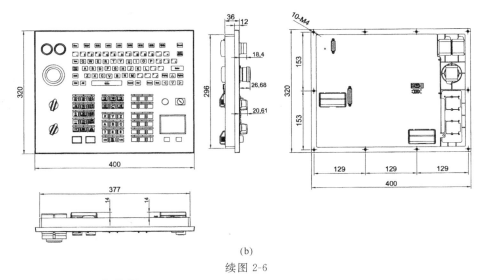

(b)

续图 2-6

2.3.2　IPC 单元

IPC 单元外观尺寸如图 2-7、图 2-8 所示。

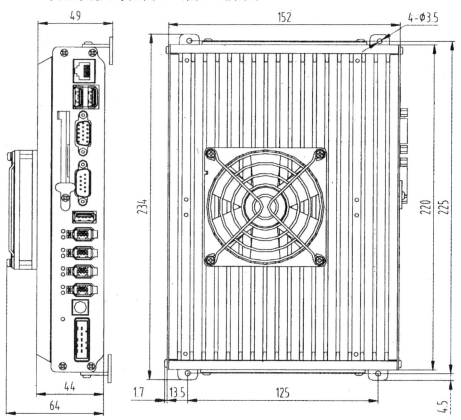

图 2-7　HPC-100 IPC 单元的外观尺寸图-卧式

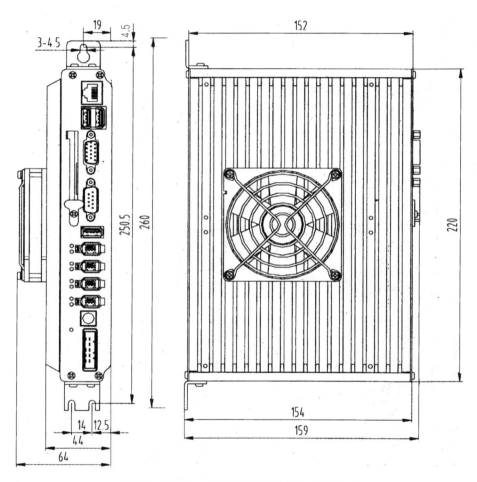

图 2-8   HPC-100 IPC 单元的外观尺寸图-立式

2.3.3　UPS 开关电源

UPS 开关电源如图 2-9、图 2-10 所示。

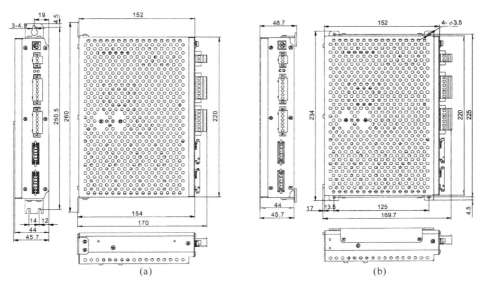

(a)　　　　　　　　　　　　　　　(b)

图 2-9　HPW-145U 的 UPS 开关电源安装图

(a) HPW-145U 立式安装图　(b) HPW-145U 卧式安装图

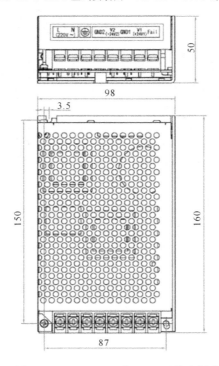

图 2-10　HPW-85U 的 UPS 开关电源安装图

2.3.4　总线式 I/O 单元

总线式 I/O 单元如图 2-11、图 2-12 所示。

2.3.5　总线式伺服单元

总线式伺服单元如图 2-13 至图 2-19 所示。

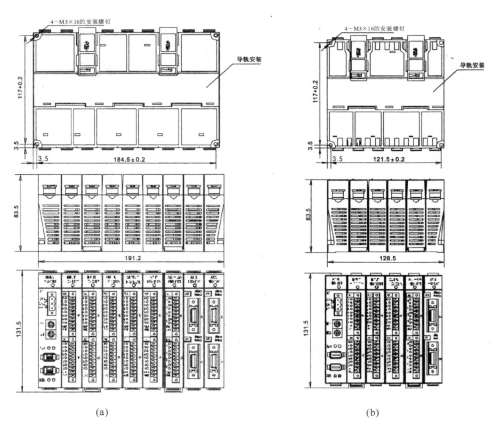

(a)　　　　　　　　　　　　(b)

图 2-11　HIO-1000 总线式 I/O 单元外观尺寸图

（a）HIO-1000 系列——采用 HIO-1009 底板子模块

（b）HIO-1000 系列——采用 HIO-1006 底板子模块

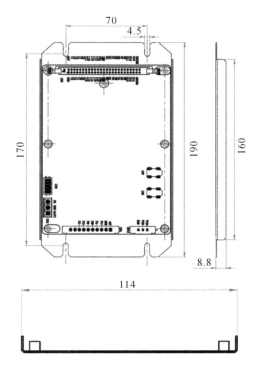

图 2-12 HIO-1200 总线式 I/O 单元外观尺寸图

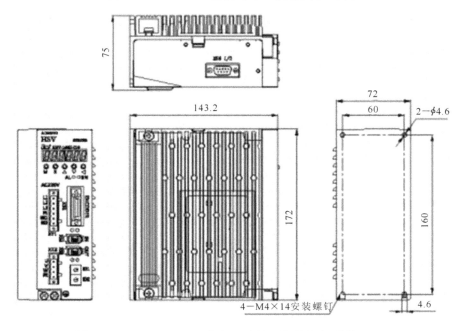

图 2-13 HSV-160U-010 伺服驱动单元外形尺寸(单位:mm)

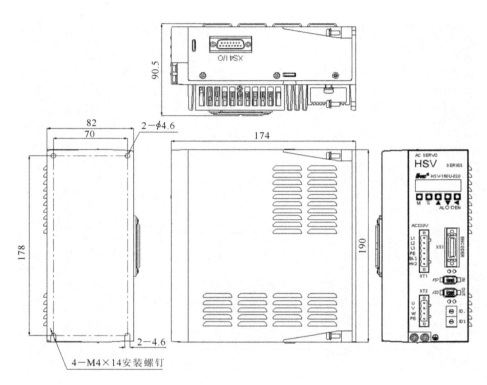

图 2-14　HSV-160U-020,030 伺服驱动单元外形尺寸(单位:mm)

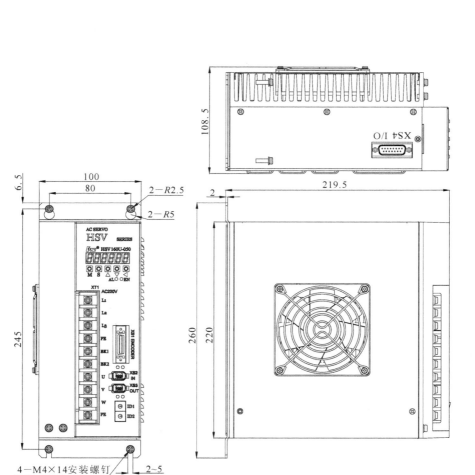

图 2-15 HSV-160U-050,075 伺服驱动单元外形尺寸(单位:mm)

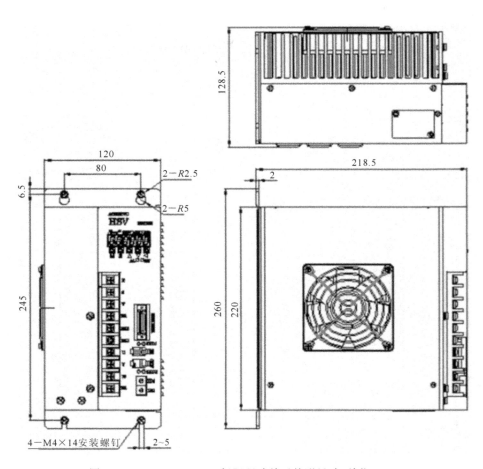

图 2-16　HSV-160U-100 伺服驱动单元外形尺寸(单位:mm)

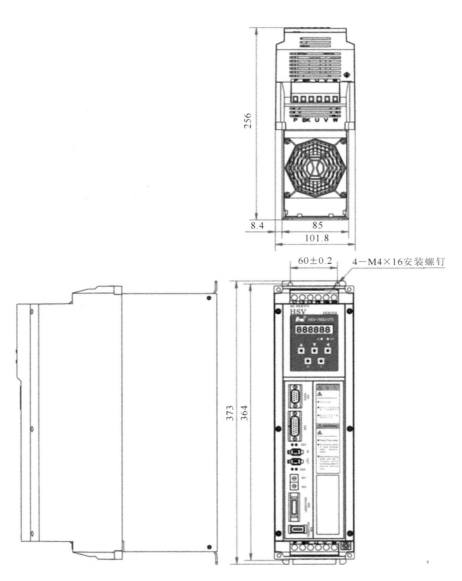

图 2-17　HSV-180U-035,050,075 伺服驱动单元外形尺寸(单位:mm)

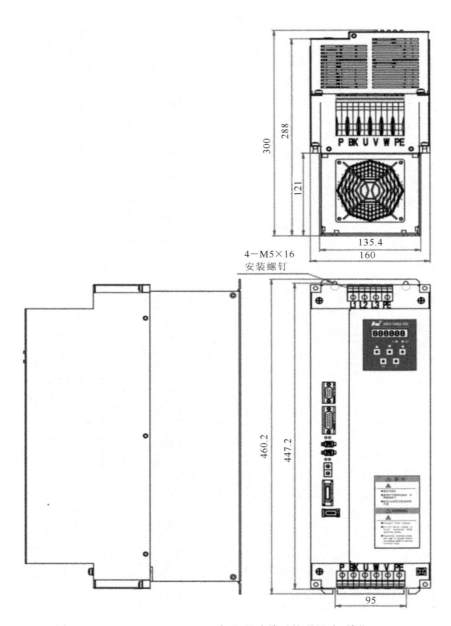

图 2-18　HSV-180UD-100,150 伺服驱动单元外形尺寸(单位:mm)

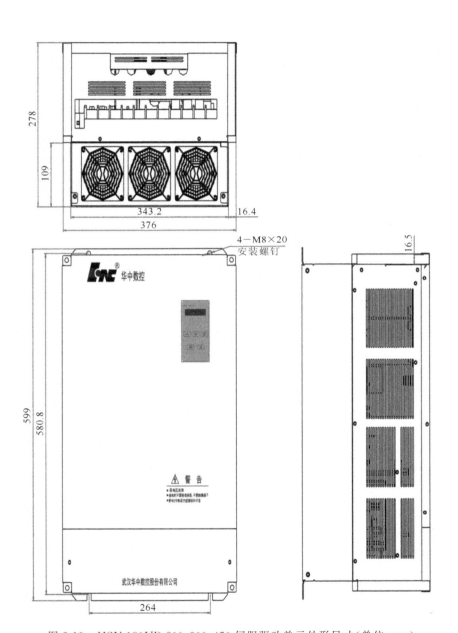

图 2-19 HSV-180UD-200,300,450 伺服驱动单元外形尺寸(单位:mm)

2.4 接口定义

2.4.1 数控装置

HNC-8 系列数控装置目前包括 808e、808、818A、818B、848C 五个系列。图 2-20 至图 2-24 所示为装置接口示意图,其具体的接口说明如下所示。

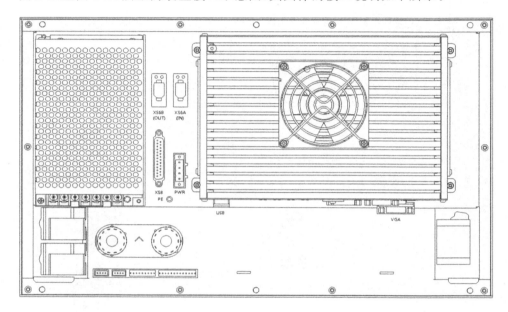

图 2-20 808e 数控装置接口图-背面板

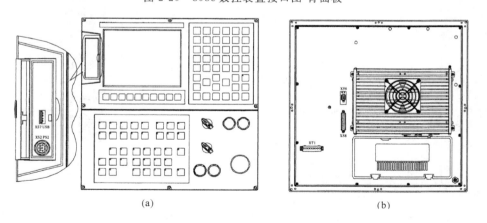

(a) (b)

图 2-21 808 系列数控装置接口图

(a) 正面板 (b) 背面板

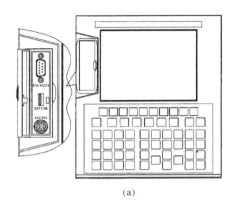 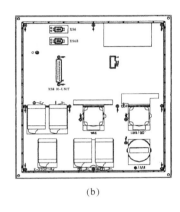

(a) (b)

图 2-22　818A 系列数控装置接口图

（a）上面板正面　（b）下面板背面

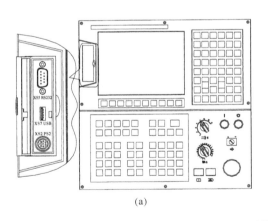 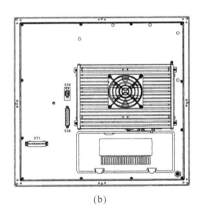

(a) (b)

图 2-23　818B 系列数控装置接口图

（a）正面板　（b）背面板

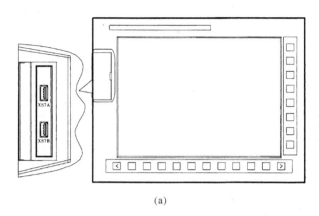

(a)

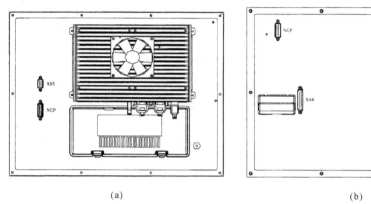

(a)   (b)

图 2-24   848C 系列数控装置接口图

（a）上面板正面   （b）上面板背面   （c）下面板背面

XS2：标准 PS/2 键盘接口。

XS5：RS232 串行接口。

XS7：USB 接口（USB 2.0）。

XS6：NCUC 总线接口。

XS8：手持单元接口。

XT1：外部电源开、电源关、急停接口。

XS6A、XS6B：NCUC 总线接口。

XS7A：USB 1.1 接口。

XS7B：USB 2.0 接口。

NCP：上下面板接口。

XS3 LAN：以太网接口（RJ45），如图 2-25 所示。

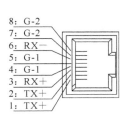

引脚号	信号名	说明
1、2	TX+、TX-	数据输出
3、6	RX+、RX-	数据输入
4、5	G-1	地
7、8	G-2	地

图 2-25 以太网接口

POWER:电源接口(座针)(D-3100S-178(AMP)),如图 2-26 所示。

1:24 V;2、3:24 VG;4:AC_Fair;5:PE

引脚号	信号名	说明
1	24 V	直流 24 V 电源
2,3	24 VG	直流 24 V 电源地
4	AC_FAIL	掉电检测
5	PE	接大地

图 2-26 电源接口

PORT0~PORT3、XS6A、XS6B、XS6:NCUC 总线接口(IEEE-1394-6 火线口),如图 2-27 所示。

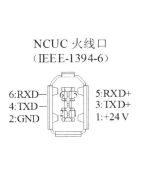

NCUC 火线口
(IEEE-1394-6)

6:RXD-   5:RXD+
4:TXD-   3:TXD+
2:GND   1:+24 V

信号名	说明
24 V	直流 24 V 电源
GND	
TXD+	数据发送
TXD-	
RXD+	数据接收
RXD-	

图 2-27 总线接口

XS8:手持单元接口(DB25 座孔),如图 2-28 所示。

27

XS8(DB25座孔)

1:24 VG	14:24 VG
2:24 VG	15:24 VG
3:24 V	16:24 V
4:I7	17:24 VG
5:空	18:I7
6:I6	19:I5
7:I4	20:I3
8:I2	21:I1
9:I0	22:O0
10:O1	23:O2
11:O3	24:HA
12:HB	25:+5 V
13:5 VG	

信号名	说明
24 V、24 VG	DC24 V 电源输出
I7	手持单元急停按钮
I0～I6	手持单元输入开关量
O0～O3	手持单元输出开关量
HA	手摇 A 相
HB	手摇 B 相
+5 V、5 VG	手摇 DC5 V 电源输出

图 2-28　手持单元接口

2.4.2 UPS 开关电源

UPS 开关电源接口及定义如图 2-29 所示。

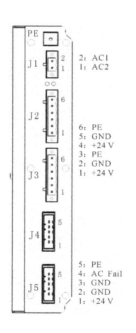

信号名	说明
PE	保护地

J1:交流电源输入端口

信号名	说明
AC1	220 V 交流输入
AC2	220 V 交流输入

J2、J3:DC +24 V 输出端口

信号名	说明
+24 V	DC +24 V 输出
GND	电源地
PE	保护地

J4、J5:带 UPS 功能的 DC +24 V 输出端口

信号名	说明
+24 V UPS	带 UPS 功能的 DC +24 V 输出
GND	电源地
SGND	信号地
AC_Fail	掉电检测信号输出
PE	保护地

（a）

图 2-29　UPS 开关电源接口示意图及定义

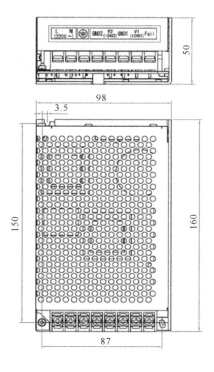

信号名	说明
PE	保护地

交流输入接口	
信号名	说明
L	220 V 交流输入
N	220 V 交流输入

输出端口	
信号名	说明
V1(＋24 V)	带 UPS 功能的 DC ＋24 V 输出
V2(＋24 V)	带 UPS 功能的 DC ＋24 V 输出
GND1	电源地/信号地
GND2	电源地/信号地
Fail	掉电检测信号输出
PE	保护地

（b）

续图 2-29

2.4.3 HIO-1000 总线式 I/O 单元

1.通信子模块功能及接口

通信子模块功能及接口如图 2-30 所示。

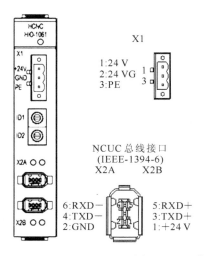

信号名	说明
24 V	直流 24 V 电源
24 VG	直流 24 V 电源地
PE	接大地

信号名	说明
24 V	直流 24 V 电源
GND	直流 24 V 电源
TXD+	数据发送
TXD−	数据发送
RXD+	数据接收
RXD−	数据接收

图 2-30 通信子模块/接口定义图

注意:由通信子模块引入的电源为总线式 I/O 单元的工作电源,该电源应该与输入/输出子模块涉及的外部电路(即 PLC 电路,如无触点开关、行程开关、继电器等)分别采用不同的开关电源,后者称为 PLC 电路电源。

⚠ 输入/输出子模块 GND 端子应该与 PLC 电路电源的电源地可靠连接。

2. 开关量输入/输出子模块功能及接口

(1) 开关量输入子模块功能及相关接口如图 2-31 所示。

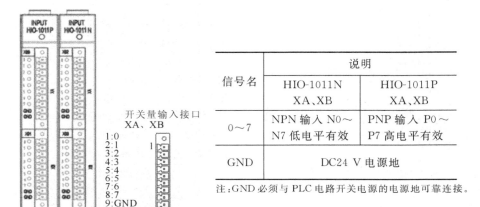

信号名	说明	
	HIO-1011N XA、XB	HIO-1011P XA、XB
0~7	NPN 输入 N0~ N7 低电平有效	PNP 输入 P0~ P7 高电平有效
GND	DC24 V 电源地	

注:GND 必须与 PLC 电路开关电源的电源地可靠连接。

图 2-31　开关量输入子模块功能及相关接口定义图

(2) 开关量输出子模块功能及接口如图 2-32 所示。

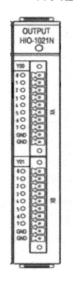

信号名	说明
0~7	NPN 输出 O0~O7 低电平有效
GND	DC24 V 电源地

注:GND 必须与 PLC 电路开关电源的电源地可靠连接。

图 2-32　开关量输出子模块功能及相关接口定义图

3.模拟量输入/输出子模块功能及接口

模拟量输入/输出子模块功能及接口如图 2-33 所示。

信号名	说明
0＋、0－	4 通道 A/D 输入
1＋、1－	A/D0～A/D3
2＋、2－	(输入范围：－10V ～ ＋10V)
3＋、3－	
GND	电源地

信号名	说明
0＋、0－	4 通道 D/A 输出
1＋、1－	D/A0～D/A3
2＋、2－	(输出范围：－10V ～ ＋10V)
3＋、3－	
GND	电源地

图 2-33　模拟量输入/输出子模块功能及接口定义图

4.轴控制子模块功能及接口

轴控制子模块功能及接口如图 2-34 所示。

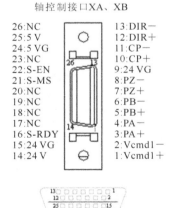

信号名	说明
Vcmd1＋、Vcmd1－	模拟输出(－10 V～＋10 V)
PA＋、PA－	编码器 A 相反馈信号
PB＋、PB－	编码器 B 相反馈信号
PZ＋、PZ－	编码器 Z 相反馈信号
24 V、24 VG	DC24 V 电源
CP＋、CP－	指令脉冲输出(A 相)
DIR＋、DIR－	指令方向输出(B 相)
24 VG	DC24 V
S-RDY	准备好
S-MS	方式切换
S-EN	使能
5V、5VG	DC5 V 电源
NC	空

图 2-34　轴控制子模块功能及接口定义图

5.温度检测子模块功能及接口

温度检测子模块(HIO-1075)对应板卡为 HC7175,其接口定义如图 2-35 所示。

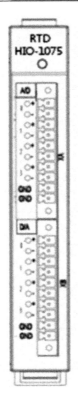

检测输入接口XA

1: +R1
2: RL1
3: −R1
4: +R2
5: RL2
6: −R2
7: +R3
8: RL3
9: −R3
10: GND

信号名	说明
+R1、RL1、−R1	3 组 PT100 热电阻传感器接入点
+R2、RL2、−R2	
+R3、RL3、−R3	
GND	地

检测输入接口XB

1: +R4
2: RL4
3: −R4
4: +R5
5: RL5
6: −R5
7: +R6
8: RL6
9: −R6
10: GND

信号名	说明
+R4、RL4、−R4	3 组 PT100 热电阻传感器接入点
+R5、RL5、−R5	
+R6、RL6、−R6	
GND	地

图 2-35 温度检测子模块接口定义图

6. 手摇控制子模块功能及接口

手摇控制子模块（HIO-1015）接口为 25 芯高密接口，其接口定义如图 2-36 所示。

DB25座孔

1:24VG   14:24VG
2:24VG   15:24VG
3:24V   16:24V
4:I7   17:24VG
5:空   18:I7
6:I6   19:I5
7:I4   20:I3
8:I2   21:I1
9:I0   22:O0
10:O1   23:O2
11:O3   24:HA
12:HB   25:+5V
13:5VG

信号名	说明
24V、24VG	DC24V 电源输出
I7	手持单元急停按钮
I0～I6	手持单元输入开关量
O0～O3	手持单元输出开关量
HA	手摇 A 相
HB	手摇 B 相
+5V、5VG	手摇 DC5V 电源输出

图 2-36 手摇控制子模块接口定义图

7. HIO-1031 输入/输出模块功能及接口

1031 模块包含两块板卡 HC7179 和 HC7180，该模块支持 24 路输入和 16 路输出，输入端口兼容 PNP 和 NPN 型输入信号，其接口定义如图 2-37 所示。

HIO-1079 端口	引脚	端口功能	HIO-1079 端口	引脚	端口功能
1		GND	26		$Xm+2.3$
2		$+24V$	27		空
3		$Xm+0.0$	28		空
4		$Xm+0.1$	29		空
5		$Xm+0.2$	30		空
6		$Xm+0.3$	31		$Yn+0.0$
7		$Xm+0.4$	32		$Yn+0.1$
8		$Xm+0.5$	33		$Yn+0.2$
9		$Xm+0.6$	34		$Yn+0.3$
10		$Xm+0.7$	35		$Yn+0.4$
11		$Xm+0.8$	36		$Yn+0.5$
12		$Xm+0.9$	37		$Yn+0.6$
13		$Xm+1.0$	38		$Yn+0.7$
14		$Xm+1.1$	39		$Yn+0.8$
15		$Xm+1.2$	40		$Yn+0.9$
16		$Xm+1.3$	41		$Yn+1.0$
17		$Xm+1.4$	42		$Yn+1.1$
18		$Xm+1.5$	43		$Yn+1.2$
19		$Xm+1.6$	44		$Yn+1.3$
20		$Xm+1.7$	45		$Yn+1.4$
21		$Xm+1.8$	46		$Yn+1.5$
22		$Xm+1.9$	47		DOCOM
23		$Xm+2.0$	48		DOCOM
24		$Xm+2.1$	49		DOCOM
25		$Xm+2.2$	50		DOCOM

图 2-37　HIO-1031 输入/输出模块接口定义图

2.4.4 HBUS-M20 总线式 I/O 接口

总线式 I/O 模块一体化板对应板卡为 HC7181，为三组 50 芯接口插头，适应于工况环境中。其可以同时接 72 组输入和 48 组输出；输入端口为 PNP 型输入信号；其接口定义如图 2-38 所示。

注：三个接口的引脚定义都是相同的。

HC7181 端口	引脚	端口功能	HC7181 端口	引脚	端口功能
1		GND	26		Xm+2.3
2		+24V	27		空
3		Xm+0.0	28		空
4		Xm+0.1	29		空
5		Xm+0.2	30		空
6		Xm+0.3	31		Yn+0.0
7		Xm+0.4	32		Yn+0.1
8		Xm+0.5	33		Yn+0.2
9		Xm+0.6	34		Yn+0.3
10		Xm+0.7	35		Yn+0.4
11		Xm+0.8	36		Yn+0.5
12		Xm+0.9	37		Yn+0.6
13		Xm+1.0	38		Yn+0.7
14		Xm+1.1	39		Yn+0.8
15		Xm+1.2	40		Yn+0.9
16		Xm+1.3	41		Yn+1.0
17		Xm+1.4	42		Yn+1.1
18		Xm+1.5	43		Yn+1.2
19		Xm+1.6	44		Yn+1.3
20		Xm+1.7	45		Yn+1.4
21		Xm+1.8	46		Yn+1.5
22		Xm+1.9	47		DOCOM
23		Xm+2.0	48		DOCOM
24		Xm+2.1	49		DOCOM
25		Xm+2.2	50		DOCOM

信号名	说明
GND	DC24 V 地
24 V	DC24 V 电源输出
I0～I23	NPN/PNP 兼容型 24 位输入信号。 小于 8 V，大于 16 V 时表示有输入信号。 8～16 V 之间表示没有输入信号
NC	未定义
O0～O15	PNP 型输出信号。 PNP 型为高电平（+24 V）有效
DOCOM	DC24 V 电源输入，用于输出公共端

图 2-38 HBUS-M20 总线式 I/O 接口定义图

2.4.5 HIO-1200 总线式 I/O 单元

HIO-1200 总线式 I/O 单元接口定义图如图 2-39 至图 2-43 所示。

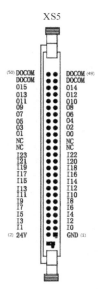

信号名	说明
GND	DC24 V 地
24V	DC24 V 电源输出
I0～I23	NPN/PNP 兼容型 24 位输入信号。 小于 8 V,大于 16 V 时表示有输入信号。 8～16 V 之间表示没有输入信号
NC	未定义
O0～O15	PNP 型输出信号。 PNP 型为高电平(＋24 V)有效
DOCOM	DC24 V 电源输入,用于输出公共端

注意:电路开关电源的电源地要可靠连接。

图 2-39 开关量输入/输出功能及接口定义图

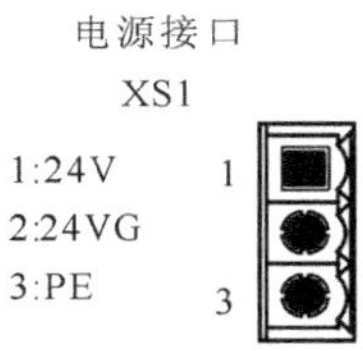

信号名	说明
24 V	直流 24 V 电源
24 VG	直流 24 V 电源地
PE	接大地

图 2-40 电源接口定义图

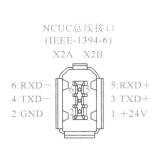

信号名	说明
24 V	直流 24V 电源
GND	
TXD+	数据发送
TXD−	
RXD+	数据接收
RXD−	

图 2-41 NCUC 总线接口定义图

模拟量输出接口
XS16

1:VCM+ 1
2:VCM−
3:GND 3

信号名	说明
VCM+	（输出范围:−10 ～ +10 V）
VCM−	
GND	接大地

图 2-42　模拟量输出接口定义图

编码器接口
XS4

1:+5V
2:GND
3:PA+ 1
4:PA−
5:PB+
6:PB−
7:PZ+
8:PZ−
9:未定义 10
10:未定义

信号名	说明
+5	DC5 V 电源
GND	DC5 V 地
PA+、PA−	编码器 A 相反馈信号
PB+、PB−	编码器 B 相反馈信号
PZ+、PZ−	编码器 Z 相反馈信号

图 2-43　编码器反馈接口定义图

注意:GND 必须与 PLC 电路开关电源的电源地可靠连接。

XS1 电源接口为 I/O 单元的工作电源,该电源应该与输入/输出涉及的外部电路(即 PLC 电路,如无触点开关、行程开关、继电器等)分别采用不同的开关电源,后者称为 PLC 电路电源。

输入/输出子模块 GND 端子应该与 PLC 电路电源的电源地可靠连接。

2.4.6　总线式伺服单元

1. HSV-160U-010,020,030 规格端子

(1) XT1 电源输入端子引脚示意图(见图 2-44)。

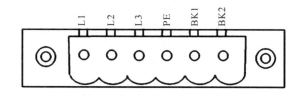

图 2-44　XT1 电源输入端子引脚示意图

(2) XT1 电源输入端子信号说明(见表 2-6)。

表 2-6 XT1 电源输入端子信号说明

端子号	端子记号	信号名称	功 能
1	L1	主回路电源三相输入端子	主回路电源输入端子; 三相 AC 220 V/50 Hz; 注意:禁止同电动机输出端子 U、V、W 连接,会损坏驱动单元!
2	L2		
3	L3		
4	PE	保护接地端子	与电源地线相连,保护接地电阻应小于 4 Ω
5	BK1	外接制动电阻连接端子	驱动单元内置 70 Ω/200 W 的制动电阻。 ① 若仅使用内置制动电阻,则 BK1 端与 BK2 端悬空即可。 ② 若需使用外接制动电阻,则直接将制动电阻接在 BK1、BK2 端即可,此时内置制动电阻与外接制动电阻是并联关系。 注意:BK1 端不能与 BK2 端短接,否则会损坏驱动单元!
6	BK2		

（3）XT2 电源输出端子引脚示意图（见图 2-45）。

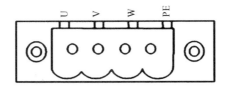

图 2-45 XT2 电源输出端子引脚示意图

（4）XT2 电源输出端子说明（见表 2-7）。

表 2-7 XT2 电源输出端子说明

端子号	端子记号	信号名称	功 能
1	U	伺服电动机输出	伺服电动机输出端子; 必须与电动机 U、V、W 端子对应连接
2	V		
3	W		
4	PE	系统接地	接地端子; 接地电阻小于 4 Ω; 伺服电动机输出和电源输入公共一点接
	⏚	系统接地	接地端子; 接地电阻小于 4 Ω; 伺服电动机输出和电源输入公共一点接

2. HSV-160U-050,075,100 规格端子连接

（1）XT1 电源端子引脚示意图（见图 2-46）。

（2）XT1 电源端子信号说明（见表 2-8）。

图 2-46　XT1 电源端子引脚示意图

表 2-8　XT1 电源端子信号说明

端子号	端子记号	信号名称	功　能
1	L1	主回路电源三相输入端子	主回路电源输入端子 AC220 V/50 Hz；单相用于小功率场合,一般不推荐使用；注意:不要同电动机输出端子 U、V、W 连接!
2	L2		
3	L3		
4	PE	系统接地	接地端子；接地电阻小于 4 Ω；伺服电动机输出和电源输入公共一点接
5	BK1	外接制动电阻	外接的制动电阻与内部的制动电阻并联,内部制动电阻值为 200 W、70 Ω。警告:切勿短接 BK1 和 BK2,否则会烧坏驱动单元!
6	BK2		
7	U	伺服电动机输出	伺服电动机输出端子；必须与电动机 U、V、W 端子对应连接
8	V		
9	W		
10	PE	系统接地	接地端子；接地电阻小于 4 Ω；伺服电动机输出和电源输入公共一点接
	⏚	系统接地	接地端子；接地电阻小于 4 Ω；伺服电动机输出和电源输入公共一点接

3. HSV-180U-035,050,075,100,150 电源输入端子(见表 2-9)

表 2-9　电源输入端子

端子号	端子记号	信号名称	功　能
1	L1	主回路电源三相输入端子	主回路电源输入端子；三相 AC380 V/50 Hz；注意:禁止同电动机输出端子 U、V、W 连接,会损坏驱动单元!
2	L2		
3	L3		
4	PE	保护接地端子	与电源地线相连,保护接地电阻应小于 4 Ω

4. HSV-180U-035,050,075驱动单元输出端子(见表2-10)

表 2-10　驱动单元输出端子

端子号	端子记号	信号名称	功　能
1	P	外接制动电阻连接端子	驱动单元内置 70 Ω/500 W 的制动电阻。 ①若仅使用内置制动电阻,则 P 端与 BK 端悬空即可。 ②若需使用外接制动电阻,则直接将制动电阻接在 P、BK 端即可,此时内置制动电阻与外接制动电阻是并联关系。 注意:P 端不能与 BK 端短接,否则会损坏驱动单元!
2	BK		
3	U	驱动单元三相输出端子	与电动机 U、V、W 端子连接
4	V		
5	W		
6	PE	保护接地端子	与电动机地线相连,保护接地电阻应小于 4 Ω

5. HSV-180U-100,150驱动单元输出端子(见表2-11)

表 2-11　驱动单元输出端子

端子号	端子记号	信号名称	功　能
1	P	外接制动电阻连接端子	驱动单元内无制动电阻,必须外接制动电阻。 注意:P 端不能与 BK 端短接,否则会损坏驱动单元!
2	BK		
3	U	驱动单元三相输出端子	与电动机 U、V、W 端子连接
4	V		
5	W		
6	PE	保护接地端子	与电动机地线相连,保护接地电阻应小于 4 Ω

6. HSV-180U-200 及以上规格端子(见表2-12)

表 2-12　HSV-180U-200,300,450 电源输入/输出端子

端子号	端子记号		信号名称	功　能
1	XT1	L	控制电源单相输入端子	驱动单元控制电源输入端子; 单相 AC220 V/50 Hz
2		N		

续表

端子号		端子记号	信号名称	功　能
1		L1	主回路电源三相输入端子	主回路电源输入端子； 三相 AC 380 V/50 Hz； 注意：禁止同电动机输出端子 U、V、W 连接，否则会损坏驱动单元！
2		L2		
3		L3		
4		PE	保护接地端子	与电源地线相连； 保护接地电阻应小于 4 Ω
5	XT2	P	外接制动电阻连接端子	驱动单元没有内置制动电阻，必须外接制动电阻。将制动电阻直接接在 P、BK 端即可。 注意：P 端不能与 BK 端短接，否则会损坏驱动单元！
6		N		
7		BK		
8		U	驱动单元三相输出端子	与电动机 U、V、W 端子对应连接
9		V		
10		W		
11		PE	保护接地端子	与电动机地线相连； 保护接地电阻应小于 4 Ω

7. 160U 伺服驱动器 XS4(180U 伺服驱动器 XS2)控制信号接口

(1) XS4(XS2)接口插头。

XS4(XS2)端子插头采用针式插头，外形和针脚分布如图 2-47、图 2-48 所示。

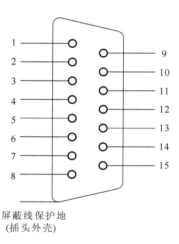

屏蔽线保护地
(插头外壳)

图 2-47　XS4 插头(面对插头的焊片看)

(2) XS4(XS2)接口信号说明(见表 2-13)。

图 2-48　XS4 插头焊针分布(面对插头的焊片看)

表 2-13　XS4(XS2)接口信号说明

端子序号	端子记号	I/O	信号名称	功　　能
1	MC1	O	故障连锁	故障连锁输出端子。继电器输出,驱动单元正常工作时继电器闭合,发生故障时断开
9	MC2			
2	保留	O		
3	保留	O		
4				
5				
6				
7	保留	I		
8				
10	保留	I		
11				
12				
13				
14	E−	I	电池输入(仅 TAMAGAWA 编码器使用)	接电池的负端
15	E+	I		接电池的正端

注:XS4 接口中 10~13 脚为数字输入功能,3~6 脚为数字输出功能;在使用总线功能时,数字输入与数字输出功能为保留功能,用户无法使用。

8.160U 伺服驱动器 XS1(180U 伺服驱动器 XS5)电动机码盘反馈接口

(1) XS1(XS5)接口插座和插头引脚分布如图 2-49 至图 2-51 所示。

图 2-49　XS1(XS5)伺服电动机编码器输入接口插座(面对插座看)

(2) XS1(XS5)接口引脚定义(见表 2-14)。

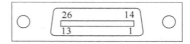

图 2-50   XS1(XS5)伺服电动机编码器输入接口插头(面对插头看)

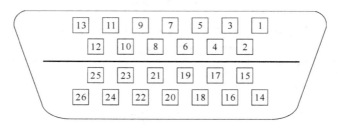

图 2-51   XS1(XS5)伺服电动机编码器输入接口插头焊片(面对插头的焊片看)

表 2-14   XS1(XS5)接口引脚定义

端子序号	端子记号	适配不同编码器的信号功能				
		复合式光电编码器	ENDAT2.1 协议	BISS 协议 绝对式	HiperFACE 协议	TAMAGAWA 绝对式
1	A+/SINA+	编码器 A+ 输入	SINA+信号 输入		COS+信号 输入	
2	A−/SINA−	编码器 A− 输入	SINA−信号 输入		REFCOS 信号输入	
3	B+/COSB+	编码器 B+ 输入	COSB+信号 输入		SIN+信号 输入	
4	B−/COSB−	编码器 B− 输入	COSB−信号 输入		REFSIN 信号输入	
5	Z+	编码器 Z+ 输入				
6	Z−	编码器 Z− 输入				
7	U+/DATA+	编码器 U+ 输入	DATA+信号 输入	DATA+信号 输入	DATA+信号 输入	DATA+信号 输入
8	U−/DATA−	编码器 U− 输入	DATA−信号 输入	DATA−信号 输入	DATA−信号 输入	DATA-信号 输入
9	V+/CLOCK+	编码器 V+ 输入	CLOCK+ 信号输入	CLOCK+ 信号输入		
10	V−/CLOCK−	编码器 V− 输入	CLOCK− 信号输入	CLOCK− 信号输入		

续表

端子序号	端子记号	适配不同编码器的信号功能				
		复合式光电编码器	ENDAT2.1 协议	BISS 协议 绝对式	HiperFACE 协议	TAMAGAWA 绝对式
11	W+	编码器 W+ 输入				
12	W−	编码器 W− 输入				
16～19	+5 V	编码器+5 V 电源	编码器+5 V 电源	编码器+5 V 电源		编码器+5 V 电源
21	+9 V				编码器+9 V 电源	
23～15	GNDD	信号地	编码器 信号地	编码器 信号地	编码器 信号地	编码器 信号地
14,15	PE	屏蔽地	屏蔽地	屏蔽地	屏蔽地	屏蔽地

注:接 TAMAGAWA 绝对式编码器时,建议用带电池盒的编码器线缆。

9.180U 伺服驱动器 XS6 反馈信号接口

(1) XS6 插座和插头的引脚分布如图 2-52 至图 2-54 所示。

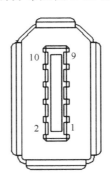

图 2-52　XS6 第二位置反馈信号输入接口插座(面对插座看)

图 2-53　XS6 第二位置反馈信号输入接口插头(面对插头看)

(2) XS6 第二位置反馈信号输入接口。

① XS6 连接增量式编码器信号说明(见表 2-15)。

图 2-54　XS6 第二位置反馈信号输入接口插头焊片(面对插头的焊片看)

表 2-15　XS6 连接增量式编码器信号说明

端子序号	端子记号	信号名称	功　　能
1	+5V	输出+5 V	(1)为 XS6 所接编码器提供 +5 V 电源。 (2)与编码器的电源引脚相连接。 (3)当电缆长度较长时,应使用多根芯线并联
2	GNDD	信号地	(1)与编码器的 0 V 引脚相连接。 (2)当电缆长度较长时,应使用多根芯线并联
3	A+/SINA+	编码器 A+输入	与工作台位置编码器的 A+(或 SINA+)相连接
4	A−/SINA−	编码器 A−输入	与工作台位置编码器的 A−(或 SINA−)相连接
5	B+/COSB+	编码器 B+输入	与工作台位置编码器的 B+(或 COSB+)相连接
6	B−/COSB−	编码器 B−输入	与工作台位置编码器的 B−(或 COSB−)相连接
7	DATA+	编码器 DATA+	与工作台位置编码器的 Z+相连接
8	DATA−	编码器 DATA−	与工作台位置编码器的 Z−相连接
9	保留		
10	保留		

② XS6 连接 Endat2.1/2.2 协议绝对式编码器信号说明(见表 2-16)。

表 2-16　XS6 连接 Endat2.1/2.2 协议绝对式编码器信号说明

端子序号	端子记号	信号名称	功　　能
1	+5V	电源输出+	(1)为 XS5 所接的 Endat2.1/2.2 协议编码器提供 +5V 电源。 (2)与编码器的电源引脚相连接。 (3)当电缆长度较长时,应使用多根芯线并联
2	GNDD	电源输出−	(1)与编码器的 0 V 引脚相连接。 (2)当电缆长度较长时,应使用多根芯线并联
3	A+/SINA+	编码器 A+输入	与工作台位置 ENDAT2.1 协议编码器的 SI-NA+相连接

端子序号	端子记号	信号名称	功　　能
4	A－/SINA－	编码器 A－输入	与工作台位置 ENDAT2.1 协议编码器的 SI-NA－相连接
5	B＋/COSB＋	编码器 B＋输入	与工作台位置 ENDAT2.1 协议编码器的 COSB＋相连接
6	B－/COSB－	编码器 B－输入	与工作台位置 ENDAT2.1 协议编码器的 COSB－相连接
7	DATA＋	编码器 DATA＋	与工作台位置 ENDAT2.1 协议编码器的 DA-TA＋相连接
8	DATA－	编码器 DATA－	与工作台位置 ENDAT2.1 协议编码器的 DA-TA－相连接
9	CLOCK＋	编码器 CLOCK＋	与工作台位置 ENDAT2.1 协议编码器的 CLOCK＋相连接
10	CLOCK－	编码器 CLOCK－	与工作台位置 ENDAT2.1 协议编码器的 CLOCK－相连接

第3章 HNC-8系列数控系统的连接 >>>>>>

3.1 安 装 形 式

数控装置安装示意图如图 3-1 所示。

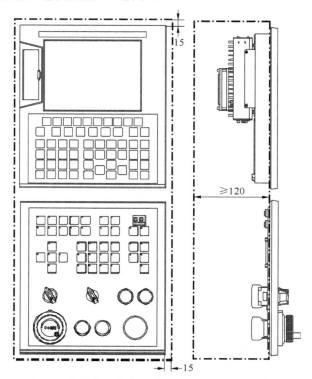

图 3-1　数控装置安装示意图(以 818A 系列为例)

在设计数控装置的电柜时应注意如下几点。

(1) 如图 3-1 所示,数控装置的电柜内部空间直径要求至少 120 mm,以便插接与数控装置相连的电缆,便于电柜内空气流通和散热。

(2) 必须采用正确的螺钉安装,以避免损坏数控装置面板。

① 818A、848C 系列为背面安装,盲埋 M4 螺母,应采用长度不超过 8 mm 的 M4 组合螺钉(镀铬)。

② 808、818B 系列为正面安装,通孔直径为 3.5 mm,应采用 M3 组合螺钉,螺钉头、垫片等直径最大处不得超过 6 mm。

(3) 电柜的结构必须达到 IP54 防护等级,应特别注意下列要求。

① 制造电柜的材料应能承受机械、化学和热应力以及正常工作中碰到的湿度影响。

② 在电柜门等接缝处,应贴密封条,密封所有缝隙。

③ 电缆入口应密封,同时也要考虑便于现场维修。

④ 采用风扇、热交换器、空调等对电柜散热,或对流内部空气。

⑤ 若采用风扇散热,在进风口/出风口必须使用空气过滤网。

⑥ 粉尘、切削液、水及油雾可能从微小缝隙和通风口进入数控装置,依附在电路板上,使绝缘老化而导致故障,因而需注意通风孔侧的环境和空气流向,流出气体应该朝向污染源。图 3-2 所示为电柜设计空气流向示意图。

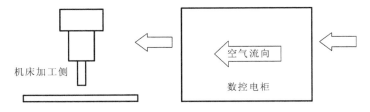

图 3-2　电柜设计空气流向示意图

(4) 电柜内部温度应不高于 45 ℃,否则应采用更有效的散热措施。

(5) 数控装置面板必须安装在切削液等液体直接溅射不到的地方。

(6) 减少电磁干扰,使用 50 V 以上直流或交流供电的部件和电缆,应与数控装置保留 100 mm 以上的距离。

(7) 设计时应考虑将数控装置安装在易于调试、维修的地方。

3.2　供电与接地

3.2.1　数控装置电源接口

数控装置电源接口有两个:IPC 单元电源接口和面板电源接口。采用 AMP 的五芯电源插座:D-3100S-178295-2(弯)和 D-3100S-1-178315-2(直),如图 3-3 所示。

3.2.2　供电要求

① 电源容量:

数控装置(外部电源 1):DC24 V,50 W,具有 UPS 功能和掉电检测功能。其中 808e 的功率需要 85 W。

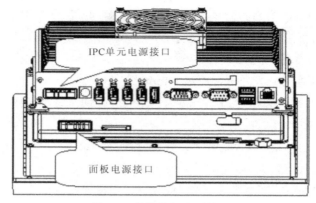

图 3-3　数控装置电源接口

总线式 I/O 单元(外部电源 2):DC24 V,50 W。

PLC 电路(外部电源 3):DC24 V,功率根据 PLC 外接开关量的数量及 PLC 有源器件确定。

电源线:采用屏蔽电缆,屏蔽层覆盖率不少于 80%。

外部电源 1:采用 UPS 开关电源的电源输出接口供电(具备 UPS 和掉电检测功能);数控装置不与其他外部设备共用此路电源。

外部电源 2:采用 HPW-145U 开关电源的 J2 或 J3 电源输出接口供电。其中 808e 系列的用普通开关电源供电。

外部电源 3:用普通开关电源供电;电源地必须与总线式 I/O 单元输入/输出子模块的 GND 端子可靠连接。

外部电源 1 经过数控装置内部开关电源变换后,有如下特点:

(1) 由 XS8 向手持单元上的元器件提供 DC24 V 和 DC5 V 电源;

(2) 由 IPC 单元的 NCUC 总线接口(PORT0~PORT3)和 HNC-8 系列数控装置面板上的 NCUC 总线接口 XS6 向外部提供 DC24 V 电源(请勿超过 12 W)(其中 808e 系列的由 HNC-808e 数控装置面板上的 NCUC 总线接口 CN7、CN8 向外部提供 DC24 V 电源(请勿超过 12 W));其余的总线接口不提供 DC24 V 电源;

(3)HPW-145U 开关电源能够通过以上接口提供的电源容量最大为:DC24 V, 6 A;

(4)HPW-85U 开关电源能够通过以上接口提供的电源容量最大为:DC24 V,3.5 A;

(5)若超过上述容量,请增加额外电源,同时断开接口电缆内通过相应接口供电的线路,而采用额外电源供电。

3.2.3　接地

① 为减少干扰,请采用截面面积不小于 2.5 mm² 的黄绿铜导线作为地线,

将数控装置的机壳接地端子,与电柜及机床的保护地可靠连接。

⚠ 输入/输出开关量控制或接收信号的元器件(如继电器、按钮灯、接近开关、霍尔开关等)的供电电源应该是单独的,其供电电源的电源地必须与总线式I/O单元的输入/输出子模块的GND端子可靠连接。否则,数控装置不能通过输出开关量可靠地控制这些元器件,或从这些元器件接收信号。

3.3 HNC-8 系列数控系统的连接

3.3.1 HNC-8 系列数控装置与总线式伺服驱动单元的连接

数控装置与总线式伺服驱动单元的连接图如图 3-4 所示。

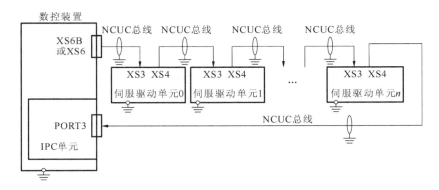

图 3-4 数控装置与总线式伺服驱动单元的连接图

3.3.2 HNC-8 系列数控装置与总线式 I/O 单元的连接

数控装置与总线式 I/O 单元的连接图如图 3-5 所示。

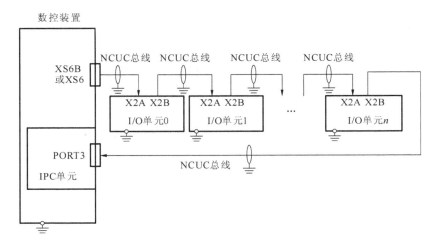

图 3-5 数控装置与总线式 I/O 单元的连接图

3.3.3　HNC-8 系列数控装置与其他装置、单元连接的总体框图

图 3-6 至图 3-10 所示分别为 HNC-808e、HNC-808、HNC-818A、HNC-818B、HNC-848C 系列数控系统总体框图。

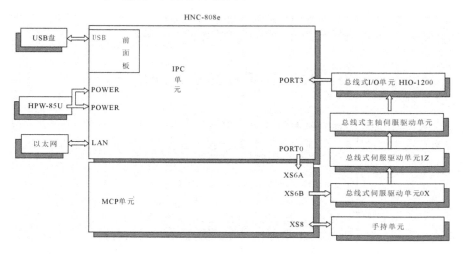

图 3-6　HNC-808e 系列数控系统总体框图

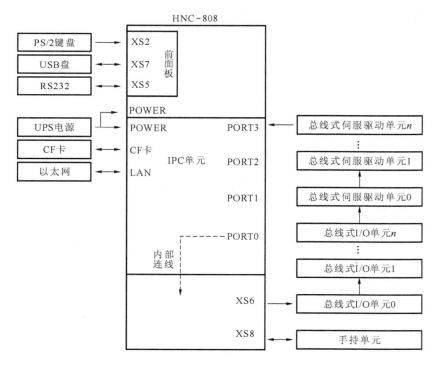

图 3-7　HNC-808 系列数控系统总体框图

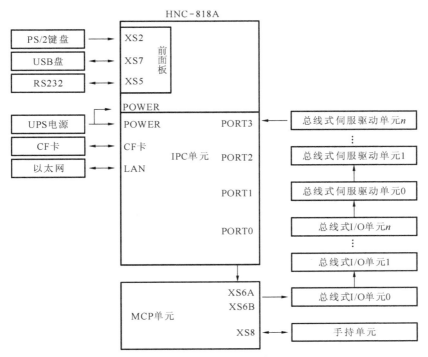

图 3-8 HNC-818A 系列数控系统总体框图

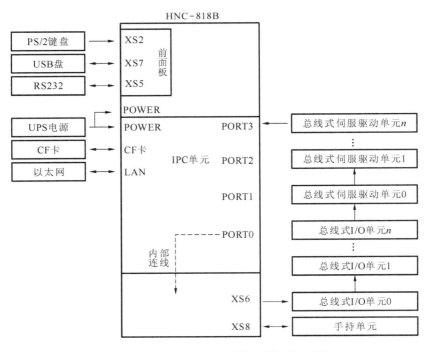

图 3-9 HNC-818B 系列数控系统总体框图

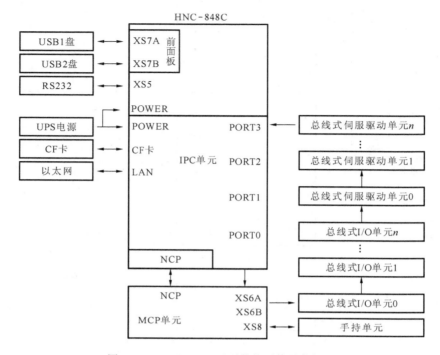

图 3-10 HNC-848C 系列数控系统总体框图

3.3.4 HNC-8 系列数控装置与手持单元的连接

1. HNC-8 系列数控装置与手持单元的接口定义

HNC-8 系列数控装置通过 XS8 接口（DB25 座孔）与手持单元连接，如图 3-11 所示。

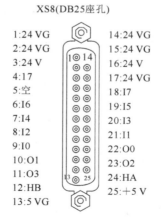

XS8(DB25座孔)

1:24 VG	14:24 VG
2:24 VG	15:24 VG
3:24 V	16:24 V
4:17	17:24 VG
5:空	18:I7
6:I6	19:I5
7:I4	20:I3
8:I2	21:I1
9:I0	22:O0
10:O1	23:O2
11:O3	24:HA
12:HB	25:+5 V
13:5 VG	

图 3-11 XS8 接口

XS8 的引脚定义如表 3-1 所示。

表 3-1　XS8 的引脚定义

引脚号	信号名	定　义
13	5 V 地	手摇脉冲发生器＋5 V 电源地
25	＋5 V	手摇脉冲发生器＋5 V 电源
12	HB	手摇脉冲发生器 B 相
24	HA	手摇脉冲发生器 A 相
11	O3	未定义
23	O2	未定义
10	O1	手持单元工作指示灯,低电平有效
22	O0	未定义
9	I0	手持单元坐标选择输入 X 轴,常开点,闭合有效
21	I1	手持单元坐标选择输入 Y 轴,常开点,闭合有效
8	I2	手持单元坐标选择输入 Z 轴,常开点,闭合有效
20	I3	未定义
7	I4	手持单元增量倍率输入×1,常开点,闭合有效
19	I5	手持单元增量倍率输入×10,常开点,闭合有效
6	I6	手持单元增量倍率输入×100,常开点,闭合有效
4,18	I7	手持单元急停按钮
5	空	
3,16	＋24 V	为手持单元的输入/输出开关量供电的 DC24 V 电源
1,2,14,15,17	24 V 地	

2.连接标准手持单元

本公司提供的标准手持单元,连接电缆用 DB25 为头针插头,可以直接连接到 HNC-8 系列数控装置的 XS8 接口上,如图 3-12 所示。

3.连接用户自制手持单元

当用户自行设计手持单元时,应参照标准手持单元设计坐标轴选择、倍率选择、指示灯选择等输入/输出开关量。

注意:(1)开关量信号类型均为直流 24 V NPN 型。

(2)手摇脉冲发生器请选择如下规格,DC5 V 供电,TTL 电平,A、B 相输出。

3.3.5　HNC-8 系列数控装置与外部设备的连接

(1)通过 RS232 接口与外部计算机连接,如图 3-13 所示。

(2)通过以太网接口与外部计算机连接。

直接连接,如图 3-14 所示。

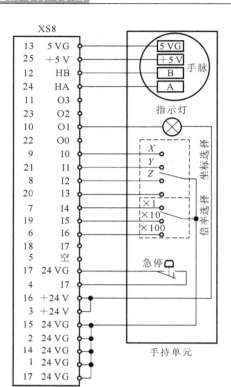

图 3-12　HNC-8 系列数控装置与手持单元连接图

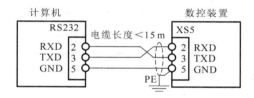

图 3-13　数控装置通过 RS232 接口与计算机连接

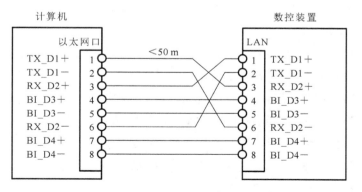

图 3-14　数控装置通过以太网接口与外部计算机直接电缆连接

通过局域网连接,如图 3-15 所示。

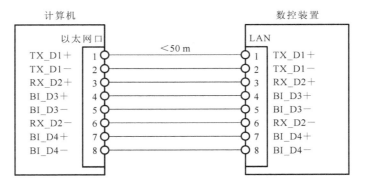

图 3-15   数控装置通过以太网接口与外部计算机局域网连接

(3) 连接 U 盘。

HNC-8 系列数控装置的 USB 接口如图 3-16 所示。

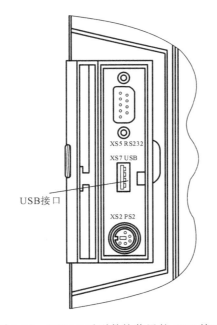

图 3-16   HNC-8 系列数控装置的 USB 接口

3.4   驱动单元的连接

图 3-17 所示为典型数控装置与驱动单元的连接。

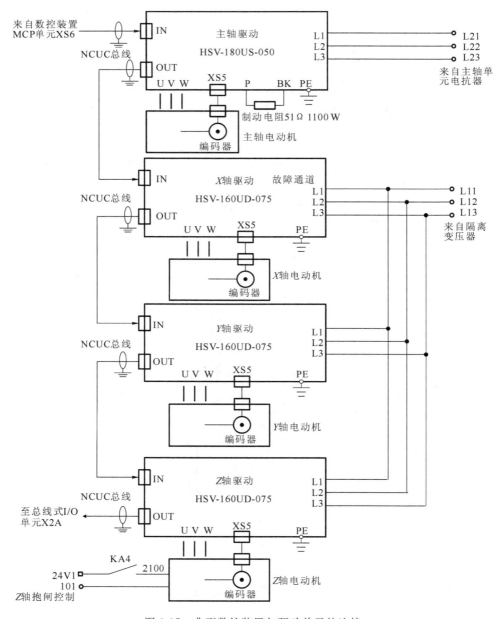

图 3-17 典型数控装置与驱动单元的连接

3.4.1 进给伺服驱动单元的连接

（1）进给伺服驱动单元连接原理示意图如图 3-18 和图 3-19 所示。

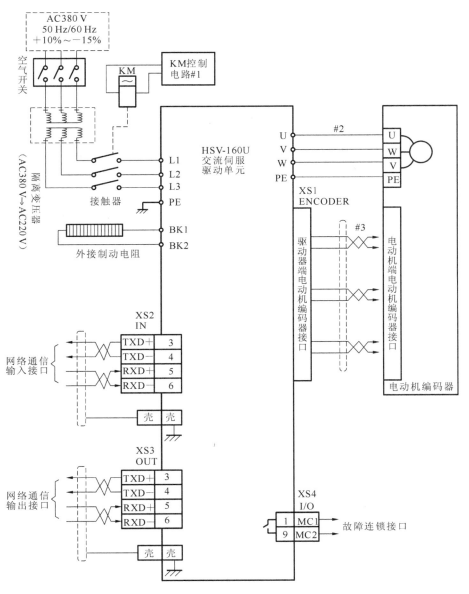

图 3-18　160U 进给伺服驱动单元连接原理示意图

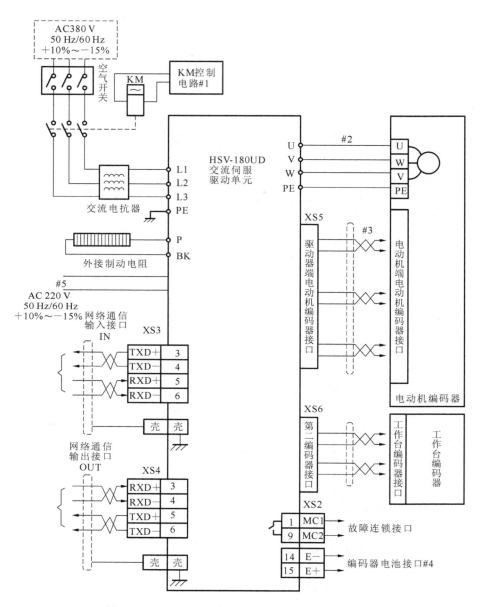

图 3-19　180UD 进给伺服驱动单元连接原理示意图

（2）进给伺服驱动单元与编码器的连接。

图 3-20 至图 3-25 所示为进给伺服驱动单元与编码器的连接图,具体如下。

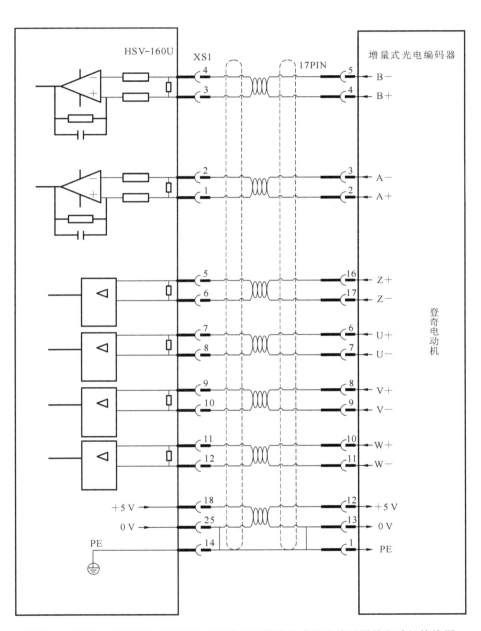

图 3-20 HSV-160U XS1/180UD XS5 接口配装增量式光电编码器的电动机接线图

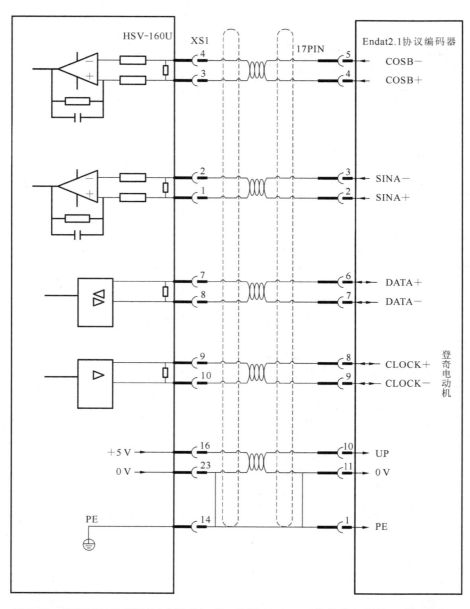

图 3-21   HSV-160U XS1/180UD XS5 接口配装 Endat2.1 协议编码器的电动机接线图

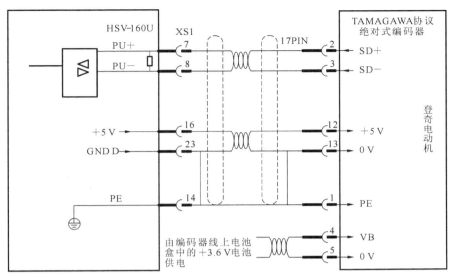

图 3-22 HSV-160U XS1/180UD XS5 接口配装 TAMAGAWA

协议绝对式编码器的电动机接线图

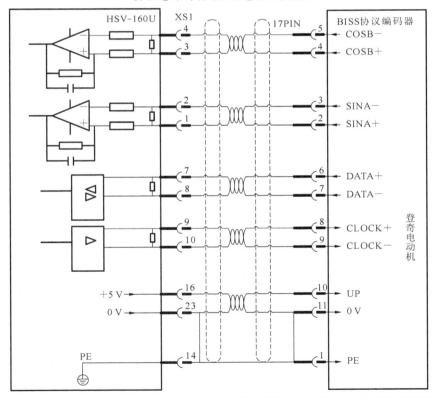

图 3-23 HSV-160U XS1/180UD XS5 接口配装 BISS 协议编码器的电动机接线图

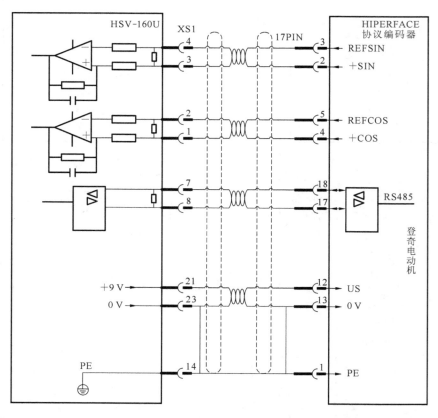

图 3-24 HSV-160U XS1/180UD XS5 接口配装 HIPERFACE 协议编码器的电动机接线图

3.4.2 主轴驱动单元的连接

主轴驱动单元的连接如图 3-25 所示。

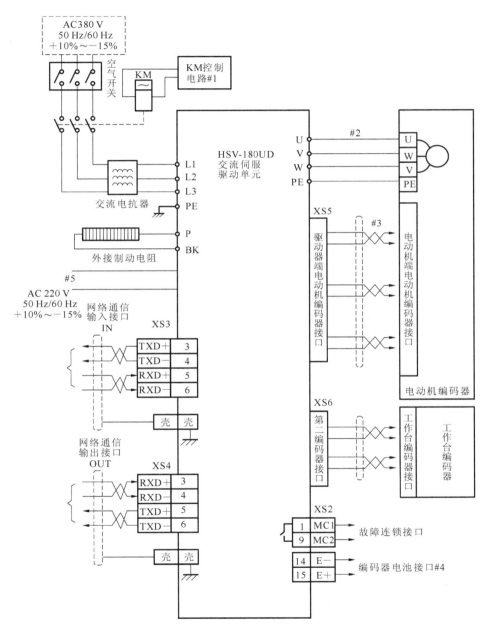

图 3-25 主轴驱动单元连接示意图

3.5 总线式 I/O 单元的连接

总线式 I/O 单元包含通信模块、轴控制模块、模拟量模块和开关量输入/输出模块。总线式 I/O 单元上接 HIO-1011PNP 输入板、HIO-1011NPN 输入板、HIO-1021NPN 输出板,电气连接应按照图 3-26 进行连接。

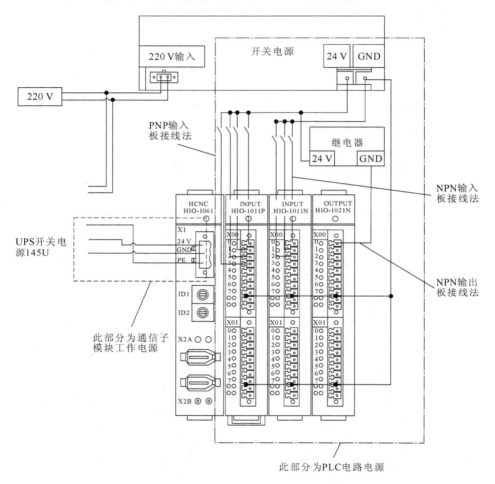

图 3-26 总线式 I/O 模块电气连接示意图

注意:(1) NPN 和 PNP 的接法有区别。

(2) PLC 的输入/输出要使用单独的开关电源,不要使用系统的 UPS 电源。

4.1 数控单元的参数设置

4.1.1 参数的查看与修改

参数的查看不需要权限,参数的修改则根据参数的级别,需要对应的权限。

参数设置步骤如下。

(1)按下系统面板的"设置"按钮,然后按下 F10"参数",再次按下 F7"权限管理"。

(2)用"←"、"→"选择用户级别,按下 F1"登录",在提示栏输入密码后按"Enter"键确认,如果对应用户前有"√"出现就表示权限登录成功(此步骤有界面提示,如图 4-1 所示)。

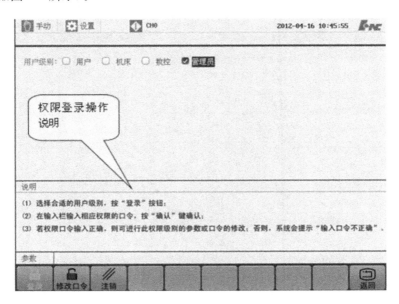

图 4-1 登录权限

（3）按 F10 返回，再按下 F1"系统参数"。

（4）用"↑"、"↓"键选择参数类型，按"Enter"键进入子选项，如图 4-2 所示。

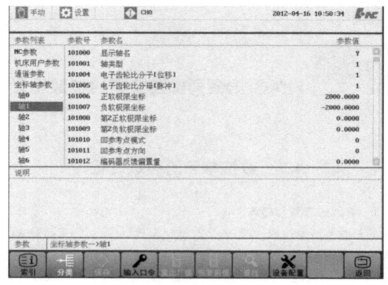

图 4-2　参数子选项

（5）用"→"键切换到参数选项窗口，修改参数值（每个参数都有详细说明，如图 4-3 所示）。

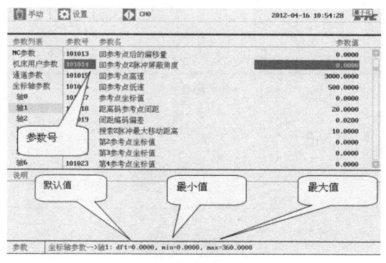

图 4-3　参数值范围及意义

4.1.2　参数的备份

操作步骤如下。

（1）先按下系统面板的"设置"按钮，然后按下 F10"参数"，再次按下 F7"权限管理"；

（2）用"←"、"→"选择用户级别，按下 F1"登录"，在提示栏中输入密码后按"Enter"键确认（见图4-4）；

（3）按下 F10 返回，再按下 F6"数据管理"；

（4）选择"参数文件"（见图4-5）；

（5）通过按下 F9"窗口切换"，选择目的盘为 U 盘；

（6）再次按下 F9"窗口切换"，窗口返回至"系统盘"；

（7）最后按下 F5"备份"（见图4-6）。

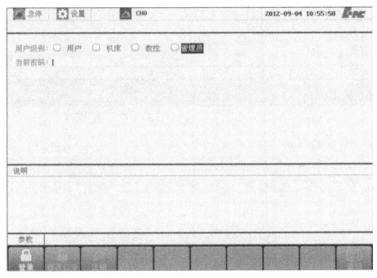

图4-4　登录

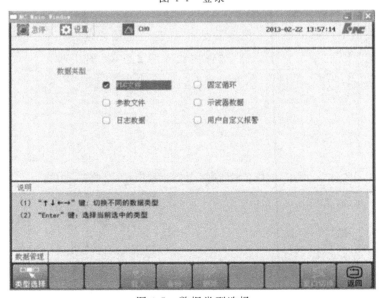

图4-5　数据类型选择

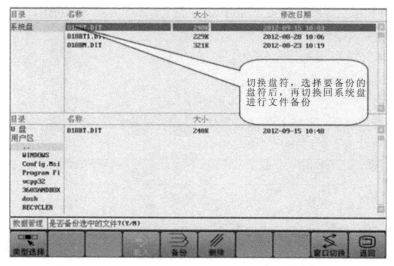

图 4-6　文件备份

4.1.3　参数的载入

操作步骤如下。

（1）按下系统面板的"设置"按钮，然后按下 F10"参数"，再次按下 F7"权限管理"。

（2）用"←"、"→"选择用户级别，按下 F1"登录"，在提示栏输入密码后按"Enter"键确认。

（3）按下 F10 返回，再按下 F6"数据管理"。

（4）选择"参数文件"（见图 4-5）。

（5）按下 F9"窗口切换"，选择源盘是 U 盘还是用户区。

（6）用"↑"、"↓"、"←"、"→"选择被载入的文件（见图 4-7）。

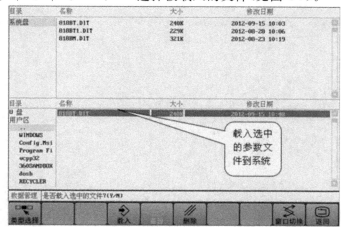

图 4-7　载入参数文件

（7）按下 F4"载入"。

4.2　进给伺服驱动单元的参数设置

4.2.1　概述

HSV-160U 系列进给伺服驱动单元和 HSV-180UD 系列进给伺服驱动单元采用相同的参数结构体系，它们的面板和操作方式都一样。

（1）驱动单元面板由 6 个 LED 数码管显示器和 5 个按键（▲、▼、◀、M、S）组成，用来显示系统的各种状态、设置参数等。按键功能如表 4-1 所示。

表 4-1　进给驱动单元按键功能

按键名	功 能 描 述
M	用于一级菜单（主菜单）模式之间的切换
S	进入或确认退出当前操作子菜单
▲	序号、数值增加，或选项向前
▼	序号、数值减少，或选项退后
◀	移位

（2）伺服驱动单元面板指示灯详细说明如表 4-2 所示。

表 4-2　伺服驱动单元面板指示灯详细说明

面板指示灯	功　能	说　明
AL（发红光）	报警指示灯	当驱动器报警时，AL 指示灯亮
EN（发绿光）	使能指示灯	当驱动器上有强电且外接了使能信号（或通过参数使用内部使能功能）后，如果驱动器没有报警，则 EN 指示灯亮
"XS3"指示灯	网络通信状态指示灯	绿灯闪：表示通过网络传送数据中
"XS4"指示灯	网络通信状态指示灯	绿灯闪：表示通过网络传送数据中

（3）采用多级操作菜单，第一级为主菜单，第二级为各操作模式下的功能菜单，如图 4-8 所示。

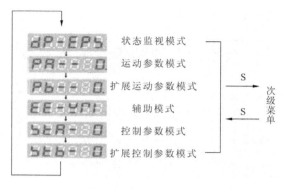

图 4-8　伺服驱动单元第一级主菜单

4.2.2　在系统软件内查看与设置参数

在系统软件中可直接修改和设置伺服参数,当设置逻辑轴号中的轴类型为 1 移动轴后,"坐标轴参数"中会多出从 PARM10X200～PARM10X287 共 88 个伺服参数,如图 4-9 所示。修改伺服参数后会通过总线立即下传给与当前轴关联的伺服驱动器。

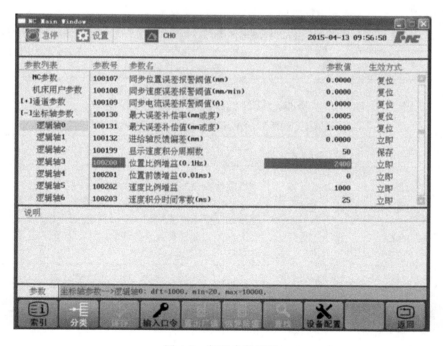

图 4-9　伺服参数配置

4.2.3　在伺服驱动器上查看与设置参数

1.状态监视模式操作

(1) 在第一级主菜单中选择 **dP-EPS**(DP-EPS)。

（2）用"▲"、"▼"键选择需要的显示方式，再按"S"键，就能进入具体的显示方式，观察所选择的方式下的伺服驱动单元的状态信息，再按"S"键，可退出该具体的显示方式，要返回到上一级菜单，按"M"键，显示方式如表4-3所示。

表4-3 显示模式一览表

序 号	显 示	名 称	功 能
1	dP-EPS	DP-EPS	显示位置跟踪误差； 单位：pulse（脉冲）
2	dP-SPd	DP-SPD	面向电动机轴看，电动机顺时针方向旋转时显示为不带小数点的数值，电动机逆时针方向旋转时显示为带小数点的数值； 单位：0.1 r/min
3	dP-tQF	DP-TQF	显示实际力矩电流； 单位：0.1 A
4	dP-PrL	DP-PRL	显示给定位置指令； 单位：pulse（脉冲数）
5	dP-PrH	DP-PRH	给定位置指令 = DP-PRH ＊ 10000 ＋ DP-PRL
6	dP-PFL	DP-PFL	显示实际位置； 单位：pulse（脉冲数）；
7	dP-PFH	DP-PFH	实际位置＝DP-PFH ＊ 10000 ＋ DP-PFL
8	dP-PrF	DP-PRF	显示指令脉冲频率； 单位：0.1 kHz
9	dP-SPr	DP-SPR	显示速度指令； 单位：0.1 r/min
10	dP-tQr	DP-TQR	显示力矩电流指令； 单位：0.1 A
11	dP-ALm	DP-ALM	显示报警序号； 当驱动单元有报警发生时，面板上红色指示灯亮
12	dP-Pin	DP-PIN	显示输入端口状态
13	dP-Pou	DP-POU	显示输出端口状态
14	dP-IuF	DP-IUF	显示 U 相电流
15	dP-UUU	DP-UVW	显示绝对式编码器单圈位置； 编码器单圈位置值＝DP-ABS ＊ 10000＋ DP-UVW
16	dP-Abs	DP-ABS	

序 号	显 示	名 称	功 能
17	`dP:bNL`	DP-BRL	显示制动时间持续百分比； 单位：%
18	`dP:Lod`	DP-LOD	显示过载倍数； 单位：%
19	`dP:NPL`	DP-MPL	显示绝对值编码器多圈位置
20	`dP:tPO`	DP-TPO	采用 TAMAGAWA 协议绝对值编码器 时：显示电动机零位偏移量
21	`dP:tPI`	DP-TPI	FPGA 软件版本

2. 运动参数模式操作

（1）在第一级主菜单中选择 `PR::80`(PA-0)。

（2）用"▲"、"▼"键选择需要操作的参数，再按"S"键，就进入具体的参数值并进行修改或设置，完成修改或设置后再按"S"键返回，通过按"M"键可切换其他操作模式或按"▲"、"▼"键切换其他运动参数。运动参数模式菜单如图 4-10 所示。

（3）如果修改或设置的参数需要保存，先在 `PR::34` 输入密码：`8:1230`，然后按"M"键切换到 `EE:YPI` 方式，按"S"键将修改或设置值保存到伺服驱动单元的 EEPROM 中去，完成保存后，数码管显示 `FINISH`，若保存失败则显示 `EPPoP-`。

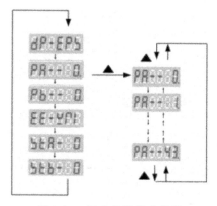

图 4-10 运动参数模式菜单

3. 扩展运动参数模式操作

（1）在第一级主菜单中选择 `PR::80`(PA-0)。

（2）在运动参数中通过按"▲"、"▼"键选择 `PR::34`，将其数值设为 `8:2003`，即可打开扩展运动参数模式。

（3）按"S"键返回，通过按"M"键切换到扩展运动参数模式 Pb0088 。

（4）用"▲"、"▼"键选择需要操作的参数，再按"S"键，就进入具体的参数值并进行修改或设置，完成修改或设置后再按"S"键返回，通过按"M"键可切换其他操作模式或按"▲"、"▼"键切换其他扩展运动参数。扩展运动参数模式菜单如图 4-11 所示。

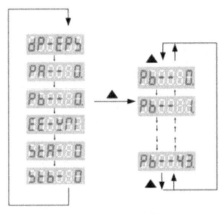

图 4-11　扩展运动参数模式菜单

（5）如果修改或设置的参数需要保存，先在 PA-34 输入密码：88 1230 ，然后按"M"键切换到 EE-Yn 方式，按"S"键将修改或设置值保存到伺服驱动单元的 EEPROM 中去，完成保存后，数码管显示 FiniSH ，若保存失败则显示 ErrorF 。

4.辅助模式操作

（1）在第一级主菜单中选择 EE-Yn （EE-WRI）。

（2）共有八种辅助模式操作方式（见表 4-4）。用"▲"、"▼"键进行选择，按"S"键，可进入具体的辅助模式操作方式。辅助模式菜单如图 4-12 所示。

表 4-4　辅助模式一览表

序号	显示	名称	模式	功能
1	EE-Yn	EE-WRI	写入 EEPROM	将设置的参数保存至内部的 EEPROM
2	JOG-St	JOG-SE	JOG 运行	驱动单元和电动机按设定速度进行 JOG 方式运行
3	rSt-AL	RST-AL	报警复位	复位驱动单元
4	tSt-nd	TST-MD	内部测试	驱动单元内部开环测试（注意：该方式仅用于短时间测试运行，建议 3 min 以内）
5	dFt-PA	DFT-PA	恢复缺省设置	将参数设置成出厂时的默认值

续表

序 号	显 示	名 称	模 式	功 能
6	CAL-Id	CAL-ID	校准码盘零位	辅助校准电动机编码器零位
7	Aut-ot	AUT-UT	参数自调整	自动调整驱动单元参数与电动机所带负载惯量适配
8	LP-SEt	LP-SET	编码器清零	支持几种编码器的自动清零

注：JOG 运行方式、报警复位方式、校准码盘零位、参数自调整、编码器清零功能为内部测试用。

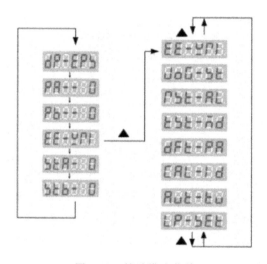

图 4-12　辅助模式菜单

五种辅助模式的具体操作方式。

（1）写入 EEPROM 方式。此方式只在进行参数修改和设置时有效。将设置的参数保存至内部的 EEPROM 内。如果想保存修改或设置的参数值，必须首先将 PR--34 设为 1230，然后进入此方式，按"S"键进行参数保存。当数码管显示 FRnISH，表示参数修改或设置保存完毕，按"S"键退出此方式。按"M"键可切换到其他模式或通过按"▲"、"▼"键选择辅助模式下的其他方式。

（2）JOG 运行方式。此方式只在 JOG 运行时有效。通过按键设置 JOG 运行速度（运动参数 PR--21）为某一非零速度值。电动机使能后，在第一级主菜单中，通过"M"键选择辅助模式，用"▲"、"▼"键选择 JOG 运行方式，数码管显示 JoG-St，按下"S"键时，数码管显示 PUn000，表示进入运行状态。按"▲"键并保持，伺服驱动单元带动电动机按照 JOG 运行速度参数的设定值正方向运行；按"▼"键并保持，电动机按照 JOG 运行速度参数的设定值反方向运行；不按"▲"键和"▼"键时，电动机零速。按下"S"键时，返回辅助模式；按"M"键可切换到其他模式或通过按"▲"、"▼"键选择辅助模式下的其他方式。

（3）报警复位方式。在此方式下，按"S"键，可对系统进行复位，如果故障源消失，伺服驱动单元可恢复正常。按"M"键可切换到其他模式或通过按"▲"、"▼"键选择辅助模式下的其他方式。

（4）内部测试方式。用于驱动单元内部开环测试；该方式不适于长时间运行。此方式仅用于调试或测试驱动单元与电动机的连接。当选择此方式时，按"S"键，伺服驱动单元带动电动机按伺服驱动单元内部程序设置的速度循环运行。按"M"键可切换到其他模式或通过按"▲"、"▼"键选择辅助模式下的其他方式。

（5）恢复缺省设置方式。用于将参数设置成出厂时的缺省值。选择此方式时，按"S"键，可使参数（包括 PA、PB 运动参数）恢复为出厂时的默认值，但必须保存后才能在下次上电时有效。按"M"键可切换到其他模式或通过按"▲"、"▼"键选择辅助模式下的其他方式。要保存恢复后的参数需要先将 PR**34 设为 1230，然后再执行保存操作。

5.控制参数模式操作

（1）在第一级主菜单中选择 StA-0（STA-0）。

（2）用"▲"、"▼"键选择需要操作的参数，再按"S"键显示所选控制参数的状态，设置 0 或 1，再按"S"键返回，通过按"M"键可切换其他操作模式或按"▲"、"▼"键切换其他控制参数。控制参数模式菜单如图 4-13 所示。

（3）如果修改或设置的参数需要保存，先在 PR**34 输入密码：1230，然后按"M"键切换到 EE-YPi 方式，按"S"键将修改或设置值保存到伺服驱动单元的 EEPROM 中去，完成保存后，数码管显示 FiniSH，若保存失败则显示 ErroR-。

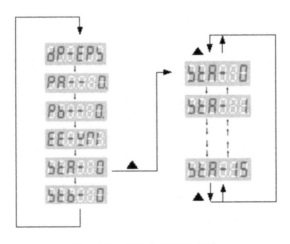

图 4-13　控制参数模式菜单

6.扩展控制参数模式操作

（1）在第一级主菜单中选择 `PA--0`（PA-0）。

（2）在运动参数中通过按"▲"、"▼"键选择 `PA--34`，将其数值设为 `2003`，即可打开扩展控制参数模式。

（3）按"S"键返回，通过按"M"键切换到扩展控制参数模式 `Stb-00`。

（4）用"▲"、"▼"键选择需要操作的参数，再按"S"键显示所选扩展控制参数的状态，设置0或1，再按"S"键返回，通过按"M"键可切换其他操作模式或按"▲"、"▼"键切换其他扩展控制参数。扩展控制参数模式菜单如图4-14所示。

（5）如果修改或设置的参数需要保存，先在 `PA--34` 输入密码：`1230`，然后按"M"键切换到 `EE-Ypi` 方式，按"S"键将修改或设置值保存到伺服驱动单元的 EEPROM 中去，完成保存后，数码管显示 `FiniSH`，若保存失败则显示 `EPPoR`。

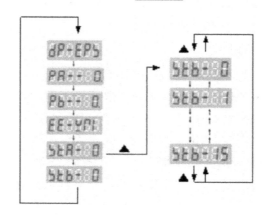

图 4-14　扩展控制参数模式菜单

7.参数修改与保存

注意：

（1）将参数修改后，只有在辅助方式"EE-WRI"方式下，按"S"键才能保存并在下次上电时有效。

（2）部分参数设置后立即生效，错误的设置可能使设备错误运转而导致事故，请谨慎修改操作。

（3）修改 PA-24 至 PA-28、PA-43 参数，PB 参数，STB 参数时，必须先将 PA-34 参数设置为 2003。

1）运动参数修改与保存

在第一级主菜单中选择 `PA--0` 运动参数模式，用"▲"、"▼"键选择参数号，按"S"键，显示该参数的数值，按"◀"键可以移位，用"▲"、"▼"键可以修改参数值。参数值被修改时，最右边的 LED 数码管小数点点亮，按"◀"键，被修改的参数值的修改位左移一位(左循环)。按"▲"或"▼"键一次,参数增加或减少1,按住"▲"或"▼"键,参数能连续增加或减少。修改完毕后按"S"键返回运动参数模式菜单。按"▲"或"▼"键还可以继续选择其他运动参数并进行修改。

确认运动参数修改完毕。如果想保存修改的参数,并作为下次运行的缺省默认运动参数,先在 `PA--34` 输入密码: `1230`,然后按"M"键切换到 `EE-YPI` 方式,按"S"键将修改或设置值保存到伺服驱动单元的 EEPROM 中去,在完成参数保存后,面板数码管显示 `FInISH`,若保存失败则显示 `ERRoR-`。通过按"M"键可切换到其他模式或通过按"▲"、"▼"键切换运动参数。

2）扩展运动参数修改与保存

在第一级主菜单中选择 `PA--0`,在运动参数中通过按"▲"、"▼"键选择 `PA--34`,将其数值设为 `2003`,打开扩展运动参数模式。按"S"键返回,通过按"M"键切换到扩展运动参数模式 `Pb--88`。用"▲"、"▼"键选择参数号,按"S"键,显示该参数的数值,按"◀"键可以移位,用"▲"、"▼"键可以修改参数值。修改完毕后按"S"键返回扩展运动参数模式菜单。按"5"或"6"键还可以继续选择其他扩展运动参数并进行修改。

确认扩展运动参数修改完毕。如果想保存修改的参数,并作为下次运行的缺省默认扩展运动参数,先在 `PA--34` 输入密码: `1230`,然后按"M"键切换到 `EE-YPI` 方式,按"S"键将修改或设置值保存到伺服驱动单元的 EEPROM 中去,在完成参数保存后,面板数码管显示 `FInISH`,若保存失败则显示 `ERRoR-`。

3）控制参数修改与保存

在第一级主菜单中选择 `StA--8` 控制参数模式,用"▲"、"▼"键选择控制参数号,按"S"键,显示该参数的数值,用"▲"、"▼"键修改参数值(0 或 1)。修改完毕后,按"S"键返回控制参数模式菜单。按"▲"、"▼"键还可以继续选择其他控制参数并进行修改。

确认控制参数修改完毕。如果想保存修改的参数,并作为下次运行的缺省默认控制参数,则先在 `PA--34` 输入密码: `1230`,然后按"M"键切换到 `EE-YPI` 方式,按"S"键将修改或设置值保存到驱动单元的 EEPROM 中去,在完成参数保存后,面板数码管显示 `FInISH`,若保存失败则显示 `ERRoR-`。

4）扩展控制参数修改与保存

在第一级主菜单中选择 `PA--80`,在运动参数中通过按"▲"、"▼"键选择 `PA--34`,将其数值设为 `2003`,打开扩展控制参数模式。按"S"键返回,通过按"M"键切换到扩展控制参数模式 `Stb--88`。用"▲"、"▼"键选择扩展控制参数号,按"S"键,显示该参数的数值,用"▲"、"▼"键修改参数值(0 或 1)。修改完毕后,按"S"键返回扩展控制参数模式菜单。按"▲"、"▼"键还可以继续选择其他扩展控制参数并进行修改。

确认扩展控制参数修改完毕。如果想保存修改的参数,并作为下次运行的缺省默认扩展控制参数,则先在 `PR--34` 输入密码:`88 1230`,然后按"M"键切换到 `EE-YPA` 方式,按"S"键将修改或设置值保存到驱动单元的 EEPROM 中去,在完成参数保存后,面板数码管显示 `FInISH`,若保存失败则显示 `ERRoR-`。

4.3 主轴驱动单元的参数设置

4.3.1 概述

(1)主轴驱动单元面板由六个 LED 数码管显示器和五个按键"▲"、"▼""◄"、"M"、"S"组成,用来显示主轴驱动单元的各种状态及设置参数等。按键功能如表 4-5 所示。

表 4-5 主轴驱动单元按键功能

按 键 名	功 能 描 述
M	用于一级菜单(主菜单)方式之间的切换
S	进入或确认退出当前操作子菜单
▲	序号、数值增加,或选项向前
▼	序号、数值减少,或选项退后
◄	移位

(2)主轴驱动单元面板指示灯详细说明如表 4-6 所示。

表 4-6 主轴驱动单元面板指示灯详细说明

面板指示灯	功 能	说 明
AL(发红光)	报警指示灯	当驱动器报警时,AL 红色指示灯亮
EN(发绿光)	使能指示灯	当驱动器上强电且外接了使能信号(或通过参数使用内部使能功能)后,如果驱动器没有报警,则 EN 绿色指示灯亮
"XS3"指示灯	网络通信状态指示灯	绿灯闪:表示通过网络传送数据中
"XS4"指示灯	网络通信状态指示灯	绿灯闪:表示通过网络传送数据中

(3)采用多级操作菜单,第一级为主菜单,包含五种操作模式:状态监视模式、运动参数模式、辅助模式、控制参数模式、扩展控制参数模式。第二级为各操作模式下的功能菜单。图 4-15 所示为 HSV-180US 系列主轴驱动单元主菜单操作框图。

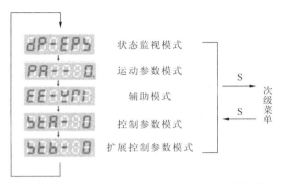

图 4-15 HSV-180US 系列主轴驱动单元主菜单操作框图

4.3.2 在系统软件内查看与设置参数

主轴的伺服参数在当设置逻辑轴号中轴参数类型为 10 后,坐标轴参数中会多出参数序号为 200 开始到 259 结束的共 60 个伺服参数,如图 4-16 所示。若要在系统上查看与设置主轴伺服参数,其操作方法请见第 4.1.1 节。

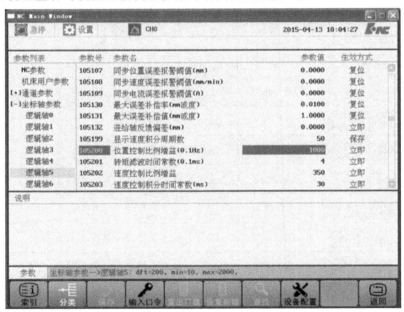

图 4-16 系统软件中的主轴伺服参数

4.3.3 在伺服驱动器上查看与设置参数

1. 状态监视模式操作

(1) 在第一级主菜单中选择 **dP-EPS**(DP-EPS)。

(2) HSV-180US 主轴驱动单元共有 21 种显示方式。用"▲"、"▼"键选择需要的显示方式,再按"S"键,就进入具体的显示方式,观察所选择的方式下的伺服驱动单元的状态信息,再按"S"键,可退出该具体的显示方式,要返回到上一级菜单按"M"键。显示方式如表 4-7 所示。

表 4-7 HSV-180US 系列显示模式一览表

序号	显示	名称	功能
1	dP-EPS	DP-EPS	显示位置跟踪误差； 单位：pulse(脉冲)
2	dP-SPd	DP-SPD	显示实际速度；面向电动机轴看，电动机顺时针方向转时显示为不带小数点的数值，电动机逆时针方向转时显示为带小数点的数值； 单位：1r/min
3	dP-tRq	DP-TRQ	显示力矩电流指令； 单位：0.1A
4	dP-iRF	DP-IMF	显示实际磁场电流； 单位：0.1A
5	dP-iRR	DP-IMR	显示磁场电流指令； 单位：0.1A
6	dP-PFL	DP-PFL	显示电动机实际位置； 单位：pulse(脉冲)； 实际位置＝DP-PFM ＊ 10000＋DP-PFL
7	dP-PFR	DP-PFM	
8	dP-SPR	DP-SPR	显示速度指令； 单位：0.1r/min
9	dP-RLR	DP-ALM	显示报警序号； 当驱动单元有报警发生时，面板上红色指示灯亮
10	dP-PiR	DP-PIN	显示开关量输入状态
11	dP-iuF	DP-IUF	显示 U 相电流实际反馈值
12	dP-Pou	DP-POU	显示输出端口状态
13	dP-idS	DP-IDS	显示实际负载电流； 单位：0.1A
14	dP-LRt	DP-LRT	显示主轴电动机编码器零位锁定脉冲
15	dP-SPt	DP-SPT	显示主轴编码器零位锁定脉冲
16	dP-rES	DP-RES	显示速度偏差值
17	dP-urF	DP-URF	显示电压参考输出
18	dP-PRL	DP-PRL	显示位置指令； 单位：pulse(脉冲)； 实际位置＝DP-PRM ＊ 10000 ＋ DP-PRL
19	dP-PRR	DP-PRM	
20	dP-tPo	DP-TPO	显示绝对式编码器单圈绝对位置值
21	dP-tPi	DP-TPI	保留

2. 运动参数模式操作

（1）在第一级主菜单中选择 `PR  0`（PA-0）。

（2）用"▲"、"▼"键选择需要操作的参数，再按"S"键，就进入具体的参数值并进行修改或设置，完成修改或设置后再按"S"键返回，通过按"M"键可切换其他操作模式或按"▲"、"▼"键切换其他运动参数。运动参数模式菜单如图 4-17 所示。

（3）如果修改或设置的参数需要保存，先在 `PR  41` 输入密码：`1230`，然后按"M"键切换到 `EE-YP` 方式，按"S"键将修改或设置值保存到伺服驱动单元的 EEPROM 中去，完成保存后，数码管显示 `FINISH`，若保存失败则显示 `ERROR-`。

3. 扩展运动参数模式操作

（1）在第一级主菜单中选择 `PR  0`（PA-0）。

（2）在运动参数中通过按"▲"、"▼"键选择 `PR  41`，将其数值设为 `2003`，即可打开扩展运动参数模式。

（3）按"S"键返回，用"▲"、"▼"键选择需要操作的参数，再按"S"键，就进入具体的参数值并进行修改或设置，完成修改或设置后再按"S"键返回，通过按"M"键可切换其他操作模式或按"▲"、"▼"键切换其他扩展运动参数。扩展运动参数模式菜单如图 4-18 所示。

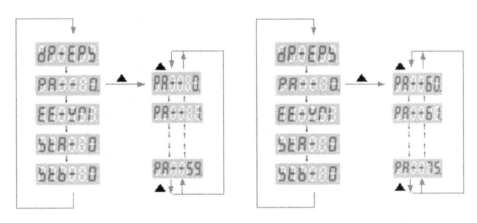

图 4-17 运动参数模式菜单　　　　　图 4-18 扩展运动参数模式菜单

（4）如果修改或设置的参数需要保存，先在 `PR  41` 输入密码：`1230`，然后按"M"键切换到 `EE-YP` 方式，按"S"键将修改或设置值保存到伺服驱动单元的 EEPROM 中去，完成保存后，数码管显示 `FINISH`，若保存失败则显示 `ERROR-`。

4. 辅助模式操作

（1）在第一级主菜单中选择 **EE-WRI**（EE-WRI）。

（2）HSV-180US 主轴驱动单元共有六种辅助模式方式（见表 4-8）。用"▲"、"▼"键进行选择，按"S"键，可进入具体的辅助模式操作方式。辅助模式菜单如图 4-19 所示。

表 4-8　辅助模式一览表

序号	显　　示	名　称	模　式	功　　能
1	EE-WRI	EE-WRI	写入 EEPROM	将设置的参数保存至内部的 EEP-ROM
2	JoG-SE	JOG-SE	JOG 运行	驱动单元和电动机按设定速度进行 JOG 方式运行
3	RST-AL	RST-AL	报警复位	复位伺服驱动单元
4	TST-MD	TST-MD	内部测试	驱动单元内部开环测试（注意：该方式仅用于短时间测试运行，建议 3 min 之内）
5	dFT-PA	DFT-PA	恢复缺省设置	将参数设置成出厂时的默认值
6	CAL-ID	CAL-ID	校准码盘零位	辅助校准电动机编码器零位

注：JOG 运行方式、报警复位方式、校准码盘零位功能为内部测试用。

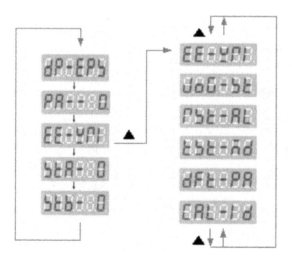

图 4-19　辅助模式菜单

这里仅介绍前五种辅助模式的具体操作方式。

（1）写入 EEPROM 方式。此方式只在进行参数修改和设置时有效。将设置的参数保存至内部的 EEPROM 内。如果想保存修改或设置的参数值，必须

首先将 `PR··41` 设为 `888230`,然后进入此方式,按"S"键进行参数保存。当数码管显示 `FLALSH`,表示参数修改或设置保存完毕,按"S"键退出此方式。按"M"键可切换到其他模式或通过按"▲"、"▼"键选择辅助模式下的其他方式。

(2) JOG 运行方式。此方式只在 JOG 运行时有效。通过按键设置 JOG 运行速度(运动参数 `PR··24`)为某一非零速度值。电动机使能后,在第一级主菜单中,通过"M"键选择辅助模式,用"▲"、"▼"键选择 JOG 运行方式,数码管显示 `JoG-St`,按下"S"键时,数码管显示 `run888`,表示进入运行状态。按"▲"键并保持,伺服驱动单元带动电动机按照 JOG 运行速度参数的设定值正方向运行;按"▼"键并保持电动机按照 JOG 运行速度参数的设定值反方向运行;不按"▲"和"▼"键时,电动机零速。按下"S"键时,返回辅助模式;按"M"键可切换到其他模式或通过按"▲"、"▼"键选择辅助模式下的其他方式。

(3) 报警复位方式。在此方式下,按"S"键,可对系统进行复位,如果故障源消失,主轴驱动单元可恢复正常。按"M"键可切换到其他模式或通过按"▲"、"▼"键选择辅助模式下的其他方式。

(4) 内部测试方式。用于驱动单元内部开环测试,该方式不适于长时间运行。此方式仅用于调试或测试驱动单元与电动机的连接。当选择此方式时,按"S"键,伺服驱动单元带动电动机按伺服驱动单元内部程序设置的速度循环运行。按"M"键可切换到其他模式或通过按"▲"、"▼"键选择辅助模式下的其他方式。

(5) 恢复缺省设置方式。用于将参数设置成出厂时的缺省值。选择此方式时,按"S"键,可使参数恢复为出厂时的默认值,但必须保存后才能在下次上电时有效。按"M"键可切换到其他模式或通过按"▲"、"▼"键选择辅助模式下的其他方式。要保存恢复后的参数需要先将 `PR··41` 设为 `888230`,然后再执行保存操作。

5.控制参数模式操作

(1) 在第一级主菜单中选择 `StA-00`(STA-0)。

(2) 用"▲"、"▼"键选择需要操作的参数,再按"S"键显示所选控制参数的状态,设置 0 或 1,再按"S"键返回,通过按"M"键可切换其他操作模式或按"▲"、"▼"键切换其他控制参数。控制参数模式菜单如图 4-20 所示。

(3) 如果修改或设置的参数需要保存,先在 `PR··41` 输入密码:`888230`,然后按"M"键切换到 `EE-Yrt` 方式,按"S"键将修改或设置值保存到伺服驱动单元的 EEPROM 中去,完成保存后,数码管显示 `FLALSH`,若保存失败则显示 `ErrOr`。

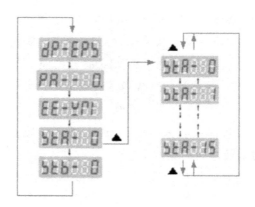

图 4-20　控制参数模式菜单

6.扩展控制参数模式操作

（1）在第一级主菜单中选择 **5Eb·:0**（STB-0）。

（2）用"▲"、"▼"键选择需要操作的参数,再按"S"键显示所选扩展控制参数的状态,设置 0 或 1,再按"S"键返回,通过按"M"键可切换其他操作模式或按"▲"、"▼"键切换其他扩展控制参数。扩展控制参数模式菜单如图 4-21 所示。

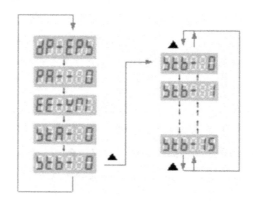

图 4-21　扩展控制参数模式菜单

（3）如果修改或设置的参数需要保存,先在 **PR··41** 输入密码：**881230**,然后按"M"键切换到 **EE·YN1** 方式,按"S"键将修改或设置值保存到伺服驱动单元的 EEPROM 中去,完成保存后,数码管显示 **FINISH**,若保存失败则显示 **EPPoP·**。

7.参数修改与保存

注意：

（1）将参数修改后,只有在辅助方式"EE-WRI"方式下,按"S"键才能保存并在下次上电时有效。

（2）部分参数设置后立即生效，错误的设置可能使设备错误运转而导致事故，请谨慎修改。

（3）修改 PA-24 至 PA-28、PA-59 参数时，必须先将 PA-41 参数设置为 2003，修改 PA-60 至 PA-95 参数时，必须先将 PA-41 参数设置为 2003，打开 PA-60 至 PA-95 参数，再将 PA-41 参数设置为 315。

1）运动参数修改与保存

在第一级主菜单中选择 `PR--0` 运动参数模式，用"▲"、"▼"键选择参数号，按"S"键，显示该参数的数值，按"◀"键可以移位，用"▲"、"▼"键可以修改参数值。参数值被修改时，最右边的 LED 数码管小数点点亮，按"◀"键，被修改的参数值的修改位左移一位（左循环）。按"▲"或"▼"键一次，参数增加或减少 1，按住"▲"或"▼"键，参数能连续增加或减少。修改完毕后按"S"键返回运动参数模式菜单。按"▲"、"▼"键还可以继续选择其他运动参数并进行修改。

确认运动参数修改完毕。如果想保存修改的参数，并作为下次运行的缺省默认运动参数，先在 `PR--41` 输入密码：`1230`，然后按"M"键切换到 `EE-YPI` 方式，按"S"键将修改或设置值保存到伺服驱动单元的 EEPROM 中去，在完成参数保存后，面板数码管显示 `FINISH`，若保存失败则显示 `ERRoR-`。通过按"M"键可切换到其他模式或通过按"5"、"6"键切换运动参数。

2）扩展运动参数修改与保存

在第一级主菜单中选择 `PR--0`，在运动参数中通过按"▲"、"▼"键选择 `PR--41`，将其数值设为 `2003`，打开扩展运动参数模式。按"S"键返回，用"▲"、"▼"键选择参数号，按"S"键，显示该参数的数值，按"◀"键可以移位，用"▲"、"▼"键可以修改参数值。修改完毕后按"S"键返回扩展运动参数模式菜单。按"▲"或"▼"键还可以继续选择其他扩展运动参数并进行修改。

确认扩展运动参数修改完毕。如果想保存修改的参数，并作为下次运行的缺省默认扩展运动参数，先在 `PR--41` 输入密码：`1230`，然后按"M"键切换到 `EE-YPI` 方式，按"S"键将修改或设置值保存到伺服驱动单元的 EEPROM 中去，在完成参数保存后，面板数码管显示 `FINISH`，若保存失败则显示 `ERRoR-`。

3）控制参数修改与保存

在第一级主菜单中选择 `SER-00` 控制参数模式，用"▲"、"▼"键选择控制参数，按"S"键，显示该参数的数值，用"▲"、"▼"键修改参数值（0 或 1）。修改完毕后，按"S"键返回控制参数模式菜单。按"▲"或"▼"键还可以继续选择其他控制参数并进行修改。

确认控制参数修改完毕。如果想保存修改的参数，并作为下次运行的缺省默认控制参数，先在 `PR··41` 输入密码：`8881230`，然后按"M"键切换到 `EE·YPI` 方式，按"S"键将修改或设置值保存到伺服驱动单元的 EEPROM 中去，在完成参数保存后，面板数码管显示 `FEnISH`，若保存失败则显示 `EPPoP·`。

4）扩展控制参数修改与保存

在第一级主菜单中选择 `SEbo88` 扩展控制参数模式，用"▲"、"▼"键选择控制参数，按"S"键，显示该参数的数值，用"▲"、"▼"键修改参数值（0 或 1）。修改完毕后，按"S"键返回扩展控制参数模式菜单。按"▲"、"▼"键还可以继续选择其他扩展控制参数并进行修改。

确认扩展控制参数修改完毕。如果想保存修改的参数，并作为下次运行的缺省默认扩展控制参数，先在 `PR··41` 输入密码：`8881230`，然后按"M"键切换到 `EE·YPI` 方式，按"S"键将修改或设置值保存到伺服驱动单元的 EEPROM 中去，在完成参数保存后，面板数码管显示 `FEnISH`，若保存失败则显示 `EPPoP·`。

5.1 梯形图运行监控与在线编辑修改

梯形图运行监控与在线编辑修改功能是在数控系统的 PLC 编辑功能中提供的,它将实时监控梯形图中每个元件的状态,以及可以通过强制修改某个元件的状态来达到调试的目的。

按诊断操作界面中的"梯图监控"(梯形图监控),进入梯形图监控操作界面,如图 5-1 所示。

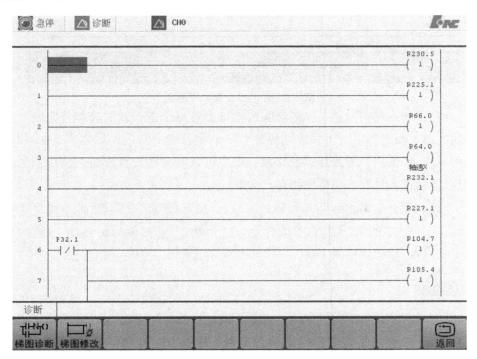

图 5-1 梯形图监控操作界面

5.1.1 梯形图的在线诊断

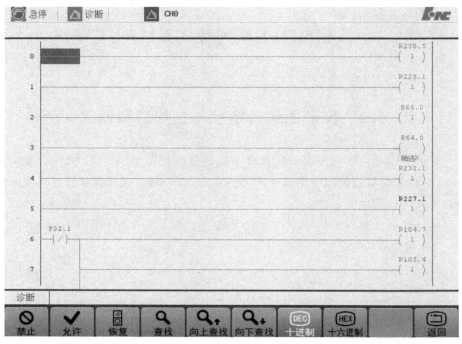 选择"梯图诊断"功能键,即进入梯形图诊断操作界面,如图 5-2 所示。梯形图诊断操作界面包括"禁止"、"允许"、"恢复"、"查找"、"向上查找"、"向下查找"、"十进制"、"十六进制"和"返回"九个按键。

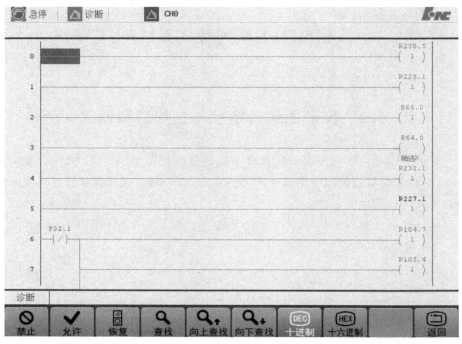

图 5-2　梯形图诊断操作界面

按"诊断→梯图监控→梯图诊断",即可查看每个寄存器的通断情况或寄存器内的值。用户可以上下移动光标查看每个寄存器的情况。如图 5-2 中,元件变为绿色,代表该元件接通或者有效。用户可以对元件进行禁止、允许、恢复等操作,非调试人员建议不要使用这三个键。

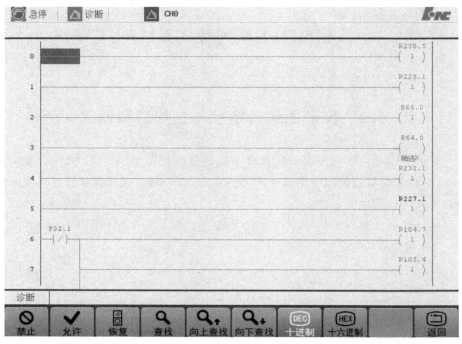 "禁止"功能键,将光标移到元件上,按下"禁止"功能键,即可以屏蔽该元件。如图 5-3 所示,光标移到元件上,按下"禁止"功能键后该元件变成红色,表示被屏蔽,输出就不通了。

图 5-3　禁止

注:此处所禁止的条件只对前行有效。如图 5-3 中 R2.0 常闭被禁止后,R2.0 的常闭只有此行不通。

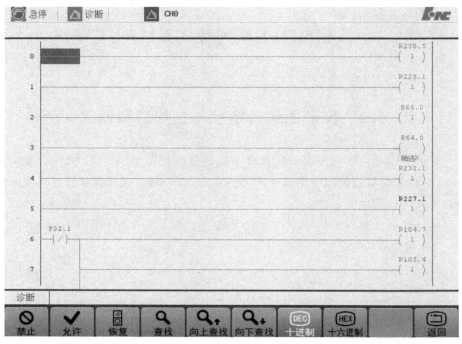 "允许"功能键,将光标移到元件上,按下"允许"功能键,即可以激活该

元件。如图 5-4 所示,光标移到元件上,按下"允许"功能键后该元件变成绿色,表示被激活。图中 X3.0 为常开,光标移到 X3.0 上后,按下"允许"功能键,该元件变成绿色,由断开变成闭合。

图 5-4　允许

注:此处所禁止的条件只对当前行有效。如图 5-4 中 X3.0 常开被允许后,X3.0 的常开只有此行导通。

"恢复"功能键,将光标移到元件上,按下"恢复"功能键,即可以撤销上述屏蔽或激活元件的操作。在禁止功能后按下"恢复"功能键,元件红色显示消失,表示恢复元件功能,如图 5-5 所示。

图 5-5　恢复

按"查找"功能键后出现如图 5-6 所示的操作界面,可对元件进行查找。

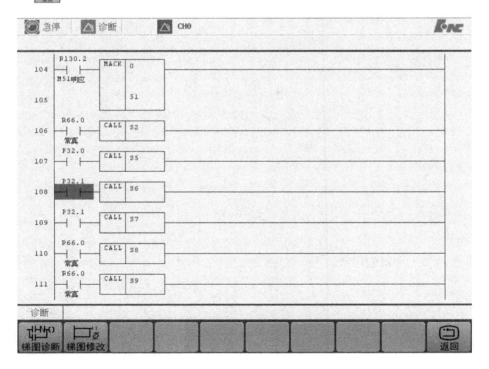

图 5-6　查找操作界面

[图标] 例如,输入"P32.1"按"Enter"键,就可查到光标行下程序中的首个P32.1。如果程序中还存在 P32.1,按"向上查找"键可以查找当前定位处之前的 P32.1。

[图标] 例如,输入"P32.1"按"Enter"键,就可查到光标行下程序中的首个 P32.1。如果程序中还存在 P32.1 按"向下查找"键可以查找当前定位处之后的 P32.1。

[图标] 系统在默认情况下显示的值以"十进制"数表示,用户可以按"十六进制"数对应的功能键,系统显示的值将以"十六进制"数表示。下面以 PTN 模块内的寄存器 R215 的值进行显示图解。

十进制数显示如图 5-7 所示。

图 5-7　十进制数显示

[图标] 十六进制数显示如图 5-8 所示。

图 5-8　十六进制数显示

[图标] "返回"功能键,按下该功能键即返回到梯形图监控操作界面,进行其他操作。

5.1.2　梯形图修改

[图标] 选择"梯图修改"功能键,即可进入梯形图修改操作界面,如图 5-9 所示。梯形图修改操作界面包括"查找"、"向上查找"、"向下查找"、"修改"、"命令"、"载入"、"放弃"、"保存"、"返回"等功能键。其中"查找"、"向上查找"、"向下查找"三个功能键与梯形图诊断操作中的"查找"、"向上查找"、"向下查找"的用法一样,这里不再讲述。

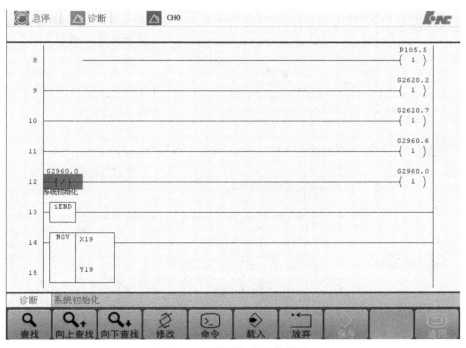

图 5-9　梯形图修改操作界面

用户可以按"修改"菜单进入下一级子菜单,如图 5-10 所示。

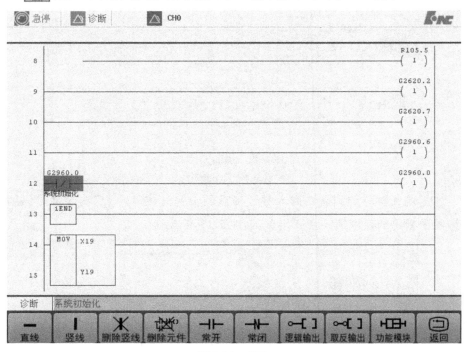

图 5-10　修改

按"直线"功能键，可以在梯形图中插入一条直线，如图 5-11 所示。

图 5-11　直线

按"竖线"功能键，可以在光标后插入一条竖线，如图 5-12 所示。

图 5-12　竖线

按"删除竖线"功能键，可以删除光标后的竖线，如图 5-13 所示。

图 5-13　删除竖线

将光标移动到需要删除的元件上，按"删除元件"功能键，可以删除梯形图中的元件，如图 5-14 所示。

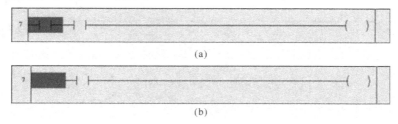

(a)

(b)

图 5-14　删除元件

（a）删除前　（b）删除后

将光标移动到需要插入常开接点的位置处，按"常开"功能键，可以在梯形图中指定的位置插入常开接点，如图 5-15 所示。

图 5-15　常开

将光标移动到需要插入常闭接点的位置处，按"常闭"功能键，可以在梯形图中指定的位置插入常闭接点，如图 5-16 所示。

图 5-16 常闭

 将光标移动到需要插入逻辑输出线圈的位置处,按"逻辑输出"功能键,可以在梯形图中指定的位置插入逻辑输出线圈,如5-17所示。

图 5-17 逻辑输出

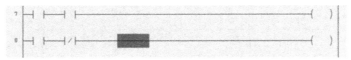 将光标移动到需要插入逻辑取反输出线圈的位置处,按"取反输出"功能键,可以在梯形图中指定的位置插入逻辑取反输出线圈,如图5-18所示。

图 5-18 逻辑取反输出

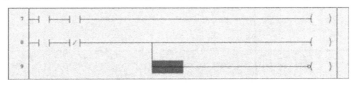 将光标移动到需要插入功能模块的位置处,按"功能模块"功能键,进入到功能模块元件菜单处,进行元件选择,如图5-19所示,然后按下"Enter"键就可以在梯形图中指定的位置插入功能模块。

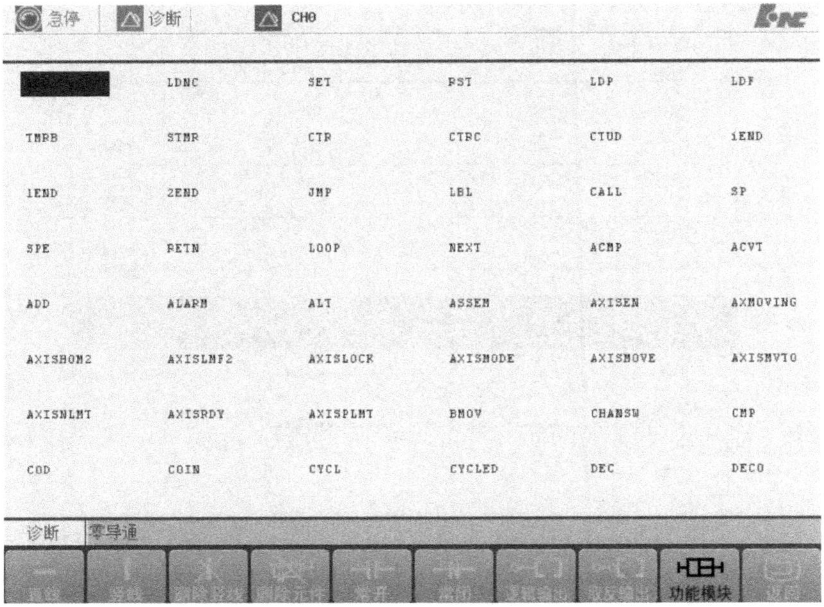

LDNC	SET	RST	LDP	LDF
TMRB	STMR	CTR	CTRC	CTUD	iEND
1END	2END	JMP	LBL	CALL	SP
SPE	RETN	LOOP	NEXT	ACMP	ACVT
ADD	ALARM	ALT	ASSEM	AXISEN	AXMOVING
AXISHOM2	AXISLMF2	AXISLOCK	AXISMODE	AXISMOVE	AXISMVTO
AXISNLMT	AXISRDY	AXISPLMT	BMOV	CHANSW	CMP
COD	COIN	CYCL	CYCLED	DEC	DECO

诊断 零导通

功能模块

图 5-19 功能模块

用户可以通过按以下命令按键,编辑梯形图。命令(见图 5-20)是指用户常用的一些操作命令,如选择、删除、移动、复制、粘贴等文本编辑所需要的命令。

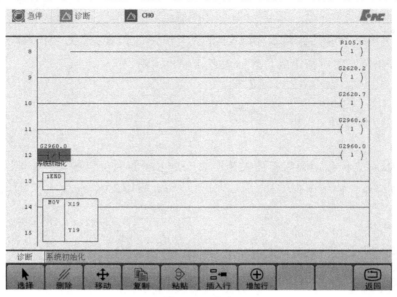

图 5-20　命令

将光标移到想要选择的行,然后按"选择"功能键,所选择的行变为蓝色,再次按下"选择"键,将选择当前行的下一行,如图 5-21 所示。选择所选的行可以进行删除、移动、复制等后续操作。

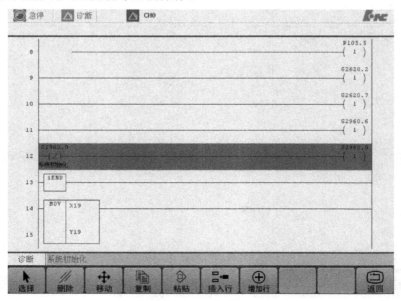

图 5-21　选择

用"选择"功能键选择需要删除的行,将光标移向需要删除的行,选择该行,颜色变成蓝色,然后按"删除"功能键即可删除所选行,如图5-22所示。

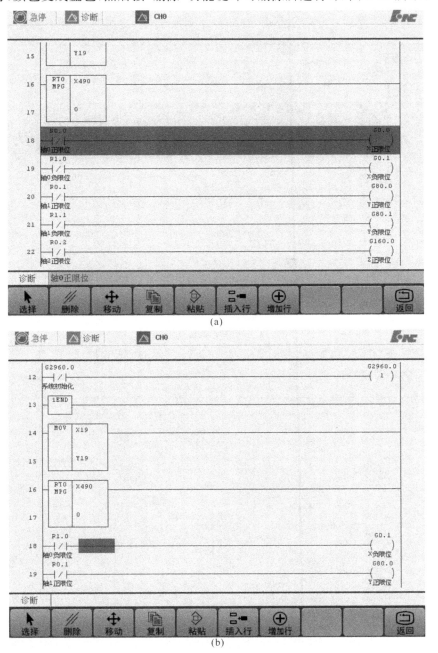

图 5-22　删除

(a) 删除前　(b) 删除后

移动 需要移动的行,首先将光标移到需要移动的行,按"选择"功能键,该行变为蓝色,这里移动行的意思相当于剪切功能,如图 5-23 所示。

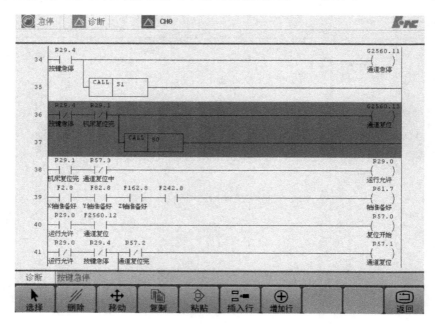

图 5-23　选择所要移动的部分

然后按"移动"功能键,此时界面如图 5-24 所示,所选的行消失。

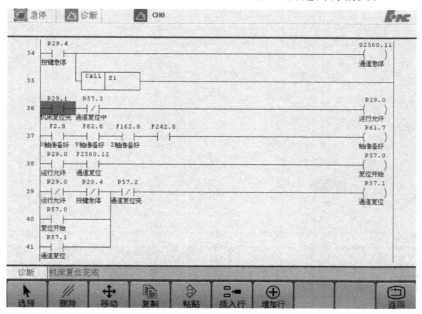

图 5-24　选择要移动的部分消失

将光标移到目标行,按"粘贴"功能键,即可以将之移动到目标行,如图 5-25 所示。

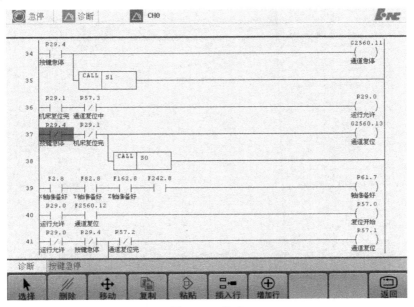

图 5-25　移动

将光标移到需要复制的行所在位置,按"选择"功能键后,再按"复制"功能键,如图 5-26 所示。

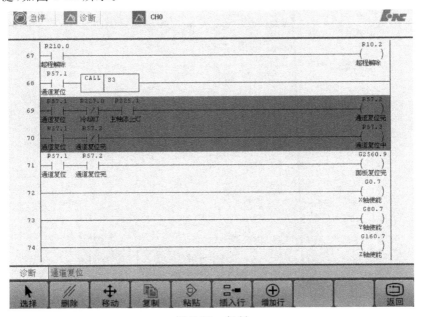

图 5-26　复制

将光标移到目标行,按"粘贴"功能键即完成复制功能所复制的部分,如图 5-27 所示。

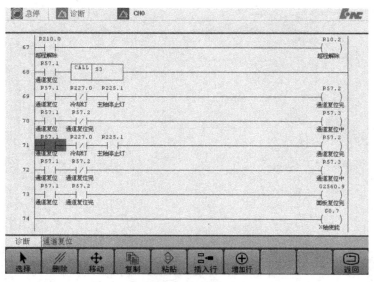

图 5-27　粘贴

将光标移到需要插入行的下一行,按"插入行"功能键,即可以插入行,操作如图 5-28 所示。需要注意的是,插入行一般是插入光标所在行的上方。

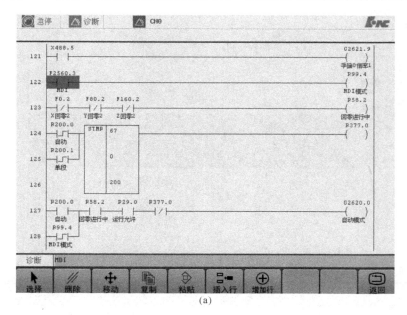

(a)

图 5-28　插入行

(a) 插入前　(b) 插入后

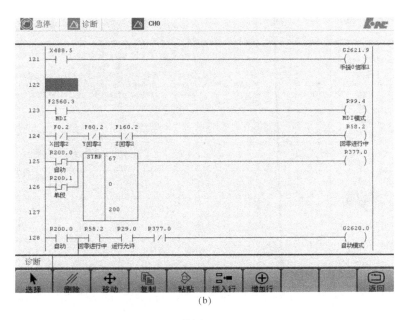

(b)

续图 5-28

增加行与插入行相反的是增加的行是加在光标所在位置的下方,如图 5-29 所示,按"增加行"功能键后,光标所在行的下方增加了一行。

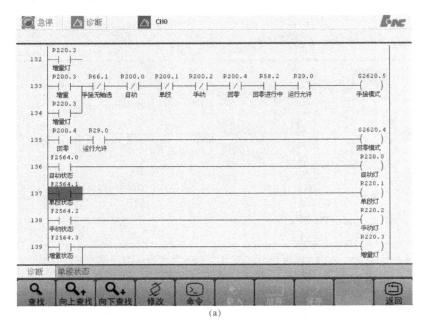

(a)

图 5-29 增加行

(a)增加前 (b)增加后

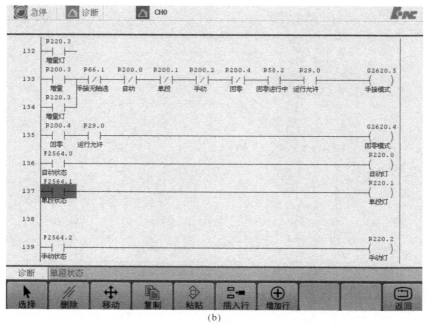

(b)

续图 5-29

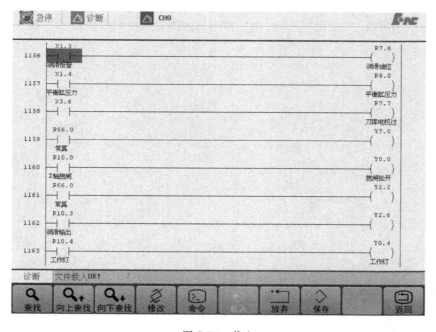

梯形图编写完成后,经过核对无误后,按下"载入"功能键后,系统即载入当前梯形图,出现"文件载入 OK"即载入成功,如图 5-30 所示。

图 5-30　载入

编辑梯形图后如果需要重新编辑或编辑错误了,可以按"放弃"功能键,就可以撤销对梯形图的编辑操作,如图5-31所示。

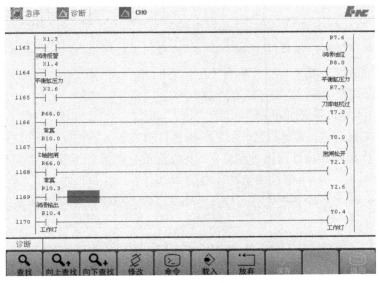

图5-31 放弃

需要注意的是,"放弃"功能键放弃的内容是从开始修改一直到放弃这之间所有的内容。

载入梯形图后,按"保存"功能键,可保存对梯形图的编辑操作。出现"文件保存OK"即保存成功,如图5-32所示。

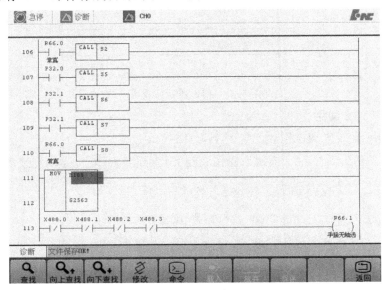

图5-32 保存

5.2 HNC-8 型 LADDER 的使用说明

HNC-LADDER-WIN 梯形图编程软件是为 HNC-8 型数控装置配套的 PLC 程序开发环境软件。该软件在 Windows XP 操作系统中运行,通过可视化图形编程方便地进行梯形图开发。兼容多种标准 PLC 语言,并符合 IEC 61131-3 国际标准,是一种简捷、高效、可靠的 PLC 开发工具。

5.2.1 梯形图开发界面

梯形图界面包括工具栏、图元树、编辑窗口和消息框等部分,如图 5-33 所示。

工具栏和图元树都可以随意停靠,也就是说它们可以放置在主窗口的四个侧边的任意一个上,也可以使工具栏"浮"在桌面上的任何位置。

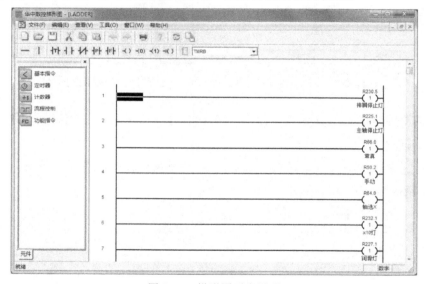

图 5-33 梯形图开发界面

5.2.2 工具栏

梯形图界面包括操作和元件两个工具栏。

(1) 操作工具栏用于快捷地操作新建文件,如放大缩小、撤销恢复等操作。

在工具栏上选择此键,就可以撤销以前的操作。

在工具栏上选择此键,就可以恢复以前撤销的操作。

在工具栏上选择此键,将把当前的梯形图转换成对应的语句表。如果梯形图中存在错误,将弹出消息框,显示错误信息。

在工具栏上选择键,将把当前的梯形图转换成对应的语句表,并且输出plc.dit文件(梯形图执行文件)。如果梯形图中存在错误,将弹出消息框,显示错误信息。

(2)元件工具栏用于快捷地加入基本输入/输出单元和选择功能模块。

5.2.3 图元树

图元树用于选择功能模块。通过双击图标来展开或收起指令树,然后从指令树中选取需要使用的指令图标,如图 5-34 所示。

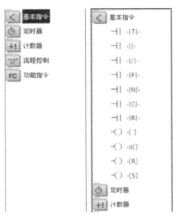

图 5-34 图元树

5.2.4 编辑窗口

编辑窗口用于显示和编辑梯形图。左右母线之间的区域是梯形图的编辑区,左母线的左侧显示当前编辑的行号,右母线的左侧显示的是当前行输出状态含义的注释,如图 5-35 所示。

图 5-35 编辑窗口

5.2.5 消息框

在编译转换梯形图的时候,如果在梯形图中存在着语句错误或者可以识别的语法错误,这时就需要消息框来显示转换、输出时出现的错误,如图 5-36 所示。

图 5-36　消息框

5.2.6 语句表界面

语句表界面包括工具栏和编辑窗口部分,如图 5-37 所示。

```
华中数控梯形图 - [STL]
文件(F)  编辑(E)  查看(V)  窗口(W)  帮助(H)

    LDT
    OUT     R230.5
    LDT
    OUT     R225.1
    LDT
    OUT     R66.0
    LDT
    OUT     R50.2
    LDT
    OUT     Y482.0
    LDT
    OUT     R232.1
    LDT
就绪                                          数字
```

图 5-37　语句表界面

5.2.7 符号表界面

符号表界面用于定义相应地址的符号名和注释,如图 5-38 所示。

符号表编辑窗口左边为寄存器选择框,右边为寄存器编辑框。

在寄存器编辑框中包括编号、地址、符号名和注释四部分。

编号:显示当前符号名在所有符号名中的编号,自动生成。

地址:指定地址。

符号名:指定地址所对应的符号名。

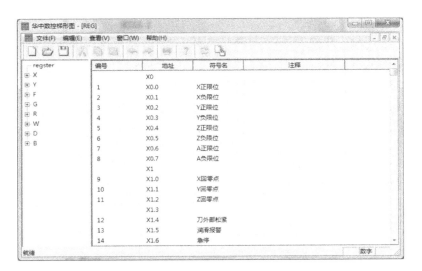

图 5-38 符号表界面

注释:指定地址所对应的注释。

5.2.8 增加符号表

下面以 X10.0(X 轴正限位)为例。

X10.0 在 X 寄存器中,首先在寄存器选择框中选中 X 寄存器。X10.0 在 X0000~X0059 中,选择分栏项。找到 X10.0 的地址,在符号名项上点击,将弹出编辑框。在编辑框中输入"X 正限位",然后点击回车键。输入符号名后,再对此地址进行注释。在注释项上点击 3 次,将弹出编辑框。在编辑框中输入"X 正限位,高电平有效",然后点击回车键。如图 5-39 所示。

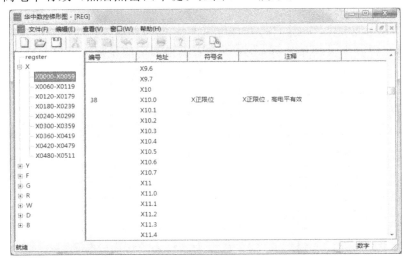

图 5-39 增加符号表

5.2.9 插入元件

插入元件分为两种方式,一种为插入基本元件,另一种为插入功能元件。

1.插入基本元件

(1) 插入基本元件时,首先在梯形图上选中位置,如图 5-40(a)所示。

(2) 在工具栏上单击要插入的基本元件,如图 5-40(b)所示。

(3) 基本元件被插入到梯形图中,如图 5-40(c)所示。

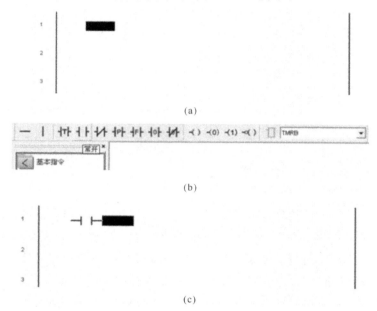

图 5-40 插入基本元件

2.插入功能元件

(1) 插入功能元件时,首先要选中需要插入的功能元件,选择需要插入的功能元件,可以在图元树中选择,也可以在工具栏的功能元件选择框中选择。

(2) 在工具栏的功能元件选择框中选择时,在梯形图中用鼠标左键双击,就可以插入功能元件。如图 5-41 所示。

图 5-41 插入功能元件

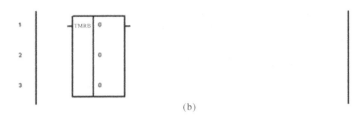

(b)

续图 5-41

5.2.10 删除元件

删除元件先要在梯形图中选中要删除的元件,按下"Delete"键就可以删除选中的元件,如图 5-42 所示。

图 5-42 删除元件

5.2.11 删除多行

删除多行先要选中需要删除的行(使用鼠标拖动选择区域),按下"Delete"键就可以删除选中的区域。如图 5-43 所示。

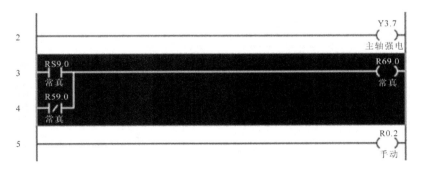

图 5-43 删除多行

5.2.12 剪切、复制和粘贴元件

剪切、复制元件时,首先在梯形图中选择一个元件。如图 5-44(a)所示。

然后再在"编辑"菜单中选择剪切或复制项,如图 5-44(b)所示。也可以在要剪切或复制的元件上单击鼠标右键,选择剪切或复制项。

方式 1：用编辑菜单中的剪切、复制和粘贴。

方式 2：在要剪切或复制的元件上单击鼠标右键。

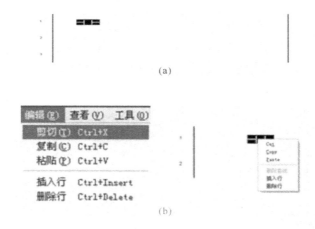

(a)

(b)

图 5-44　剪切、复制和粘贴元件

5.2.13　插入行

在梯形图中选中某个位置后，可以在此位置前插入一行。如图 5-45 所示。

图 5-45　插入行

5.2.14　删除行

在梯形图中选中某个位置后，可以删除此行。如图 5-46 所示。

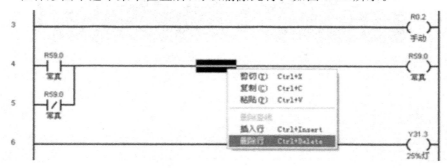

图 5-46　删除行

5.3 PLC报警、提示文本编写及使用

在HNC-8型软件上出现的PLC报警及提示信息是报警提示文本中已编写好的内容,需要HNC-8型软件出现什么样的报警及提示信息就需要提前将它们写在后缀为.txt的文本文件中。

PLC提示信息只通过PLC提示用户机床有哪些问题,并不影响正常加工,如图5-47所示。

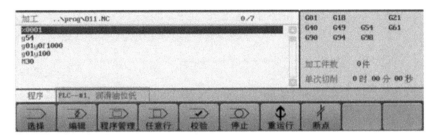

图 5-47 PLC提示

PLC提示是在PLC中需设置一个提示标志字。如图5-48的G3056.1的提示。

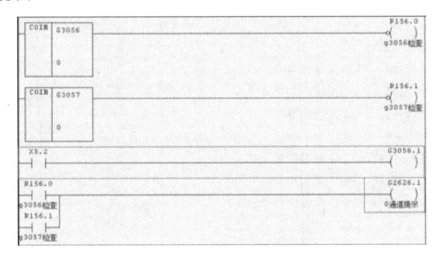

图 5-48 G3056.1的提示

PLC报警信息则通过PLC告诉用户机床有哪些问题,PLC报警后机床将不再自动加工,转而进给保持,直到用户清除报警为止,如图5-49所示。

PLC报警需在PLC中设置一个报警标志字。如图5-50的G3010.1的报警。文件名为PMESSAGE.TXT,路径为/h/lnc8/plc/。编写格式为编号+空

图 5-49　PLC 报警

图 5-50　G3010.1 的报警

格＋报警信息。

　　1＋空格＋PLC 报警内容 1

　　2＋空格＋PLC 报警内容 2

　　3＋空格＋PLC 报警内容 3

　　⋮

　　256＋空格＋PLC 报警内容 256

　　500＋空格＋PLC 提示内容 1

　　501＋空格＋PLC 提示内容 2

　　⋮

　　884＋空格＋PLC 提示内容 384

　　约定 PLC 报警编号为 1～256，PLC 提示编号为 500～884

　　8 型软件中，报警编号与 G 寄存器的关系如下。

　　如果：报警编号－1＝a×16＋b　　那么：报警编号所对应的 G 寄存器为 G(3010＋a).b

　　a＝报警编号除以 16 的商；b＝报警编号除以 16 的余数。

例如:报警编号 33,33－1＝2×16＋0,所以报警编号 33 所对应的 G 寄存器为 G3012.0

同理,提示提示编号与 G 寄存器的关系如下。

如果:提示编号－501＝a×16＋b　那么:提示编号所对应的 G 寄存器为G(3056＋a).b

a＝提示编号除以 16 的商;b＝提示编号除以 16 的余数。

例如:提示编号 503,503－501＝0×16＋2,所以提示编号 503 所对应的 G 寄存器为G3056.2

标准 pmessage.txt 的文本如下。

1　伺服报警

2　换刀允许灯亮时,禁止转主轴

3　松刀时禁止转主轴

4　主轴定向时禁止转主轴

5　主轴旋转时禁止松刀

6　换刀允许灯亮时,禁止主轴定向

7　快移修调值为零

8　刀库未进到位

9　刀库未退到位,请在手动模式下退回

10　紧刀未到位

11　松刀未到位

12　目的刀号超过刀库范围

13　第二参考点未到位

14　Z 轴/机床锁住不允许换刀

15　第三参考点未到位

16　主轴正反转、回零不允许同时执行

17　主轴为 C 轴时禁止主轴正反转

18　未找到目的刀号

19　扣刀未到位,检查刀臂电动机

20　交换刀未完成

21　回刀臂原点未完成

22　刀松紧报警

23　导套检查报警

24　机械手不在起始位报警

25　刀套未到位报警

26　刀套未回到位报警

27　主轴报警

28　压力报警

29　冷却报警

30　外部报警

31　刀套未回,请先回刀套(M69)

32　主轴位置模式时禁止定向

501　滑油位高

502　滑油位低

6.1 运行前检查

6.1.1 接线检查

确保所有的电缆连接正确,应特别注意检查以下几项。

(1)继电器、电磁阀的续流二极管的极性。

(2)电动机强电电缆的相序(必须按照规定的相序连接)。

(3)驱动单元的反馈信号、电动机强电电缆必须一一对应。

(4)确保数控装置与总线 I/O 单元、总线伺服单元的总线回路连接正确。

(5)确保所有的地线都有可靠且正确的连接。

6.1.2 电源检查

(1)确保电路中各部分电源的电压正确,极性连接正确。特别是 DC24 V 的极性,应确保该部分电源回路不短路。

(2)确保电路中各部分电源的规格无误。

(3)确保电路中各部分变压器的规格和进、出线方向正确。

6.1.3 设备检查

(1)确保系统中的各台电动机(主轴电动机、进给电动机)已经与机械传动部分脱离,并且可靠地放置或固定。

(2)确保所有电源开关,特别是主轴与进给驱动单元动力电源开关已经断开。

6.2 试 运 行

6.2.1 通电

⚠ 系统通电与断电前都应该先按下急停按钮,以避免因参数等错误造成飞车现象或其他危险事故。

（1）按下急停按钮，确保系统中所有断路器已断开。

（2）合上电柜主电源断路器。

（3）接通控制 220 V 交流电的断路器，检查 AC220 V 电源是否正常。

（4）接通控制 24 V 直流电的断路器，检查 DC24 V 电源是否正常。

（5）检查设备用到的其他电源是否正常。

（6）进给伺服驱动和主轴伺服驱动通电。

（7）数控装置通电。

6.2.2 参数设置

1. 系统参数设定

数控装置通电后，经自检可进入主控制画面。系统第一次上电，首先需要核对设备配置参数。如果参数显示并没有找到相应的设备，则需要重新检查硬件连接。设备参数如图 6-1 所示。

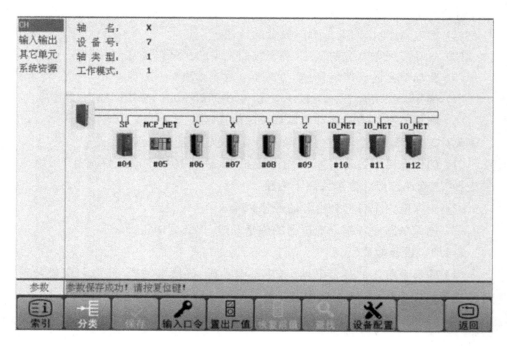

图 6-1 设备参数

步骤：设置→F10 参数→F1 系统参数→F8 设备配置（注：必须先输入权限口令）。

确认通过设备配置参数看到所有的设备后，应对照现场硬件，检查参数是否正确。具体按照表 6-1 至表 6-6 的顺序进行核查并设置参数。

表6-1 设备接口参数——总线控制面板

参 数 号	参 数 名 称	默 认 值
#500010	MCP类型	2
#500012	输入点起始组号	480
#500013	输入点组数	30
#500014	输出点起始组号	480
#500015	输出点组数	30
#500016	手摇方向取反标志	0
#500017	手摇倍率放大系数	1
#500018	波段开关编码类型	1

表6-2 设备接口参数——总线I/O模块

参 数 号	参 数 名 称	默 认 值
#500012	输入点起始组号	0
#500013	输入点组数	10
#500014	输出点起始组号	0
#500015	输出点组数	10

表6-3 设备接口参数——伺服轴

参 数 号	参 数 名 称	默 认 值
#5X010	工作模式	1
#5X011	逻辑轴号	0
#5X012	编码器反馈取反标志	0
#5X014	反馈位置循环使能	0
#5X015	反馈位置循环脉冲数	131072
#5X016	编码器类型	3

注:(1)参数号中的X表示设备号,如设备5,那么X值为05。
(2)当有多个设备时,分别对应的每个设备接口参数都应按照表6-3的内容进行核对和设置。

表6-4 机床用户参数

参 数 号	参 数 名 称	默 认 值
#010000	通道最大数	1
#010001	通道0切削类型	0
#010009	通道0选择标志	1
#010017	通道0显示轴标志	0X5
#010033	通道0负载电流显示轴定制	0,2,5

表 6-5 通道参数

参 数 号	参 数 名 称	默 认 值
♯040001	X 坐标轴轴号	0
♯040002	Y 坐标轴轴号	1
♯040003	Z 坐标轴轴号	2
♯040010	主轴 0 轴号	5

表 6-6 坐标轴参数

参 数 号	参 数 名 称	默 认 值
♯10X000	显示轴名	AX
♯10X001	轴类型	1
♯10X004	电子齿轮比分子[位移]	1
♯10X005	电子齿轮比分母[脉冲]	1
♯10X006	正软极限坐标	2000
♯10X007	负软极限坐标	−2000
♯10X010	回参考点模式	0
♯10X011	回参考点方向	1
♯10X012	编码器反馈偏置量	0
♯10X013	回参考点后的偏移量	0
♯10X014	回参考点 Z 脉冲屏蔽角度	0
♯10X015	回参考点高速	3000
♯10X016	回参考点低速	500
♯10X017	参考点坐标值	0
♯100018	距离码参考点间距	20
♯10X019	间距编码偏差	0.02
♯10X020	搜索 Z 脉冲最大移动距离	10
♯10X031	转动轴折算半径	57.3
♯10X032	慢速点动速度	2000
♯10X033	快速点动速度	4000
♯10X034	最大快移速度	8000
♯10X035	最高加工速度	6000
♯10X036	快移加减速时间常数	16

参　数　号	参　数　名　称	默　认　值
♯10X037	快移加减速捷度时间常数	32
♯10X038	加工加减速时间常数	16
♯10X039	加工加减速捷度时间常数	32
♯10X042	手摇单位速度系数	0.2
♯10X043	手摇脉冲分辨率	1
♯10X044	手摇缓冲速率	0.05
♯10X045	手摇缓冲周期数	100
♯10X046	手摇过冲系数	1.5
♯10X047	手摇稳速调节系数	0.003
♯10X067	轴每转脉冲数	10000
♯10X082	旋转轴短路径选择使能	1
♯10X090	编码器工作模式	0X100
♯10X094	编码器计数位数	29

注:参数号中的 X 表示逻辑轴号。

2.进给轴伺服参数设置

在第一次上电后需设置电动机代码,之后输入到 PARM10X243"驱动器规格/电机类型代码"中,如图 6-2 所示。

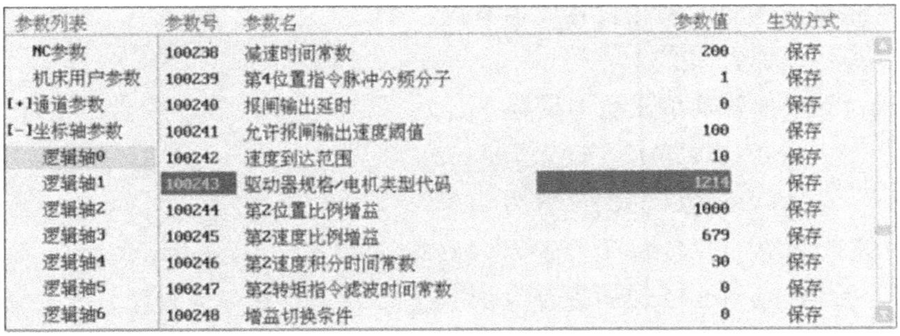

图 6-2　驱动单元(器)规格/电动机类型代码

再根据电动机设置 PARM10X224"伺服电机磁极对数"及 PARM10X225"编码器类型选择",如图 6-3 所示。

设置完成以上两步后断电重启,驱动单元将自动根据电动机适配伺服参数,

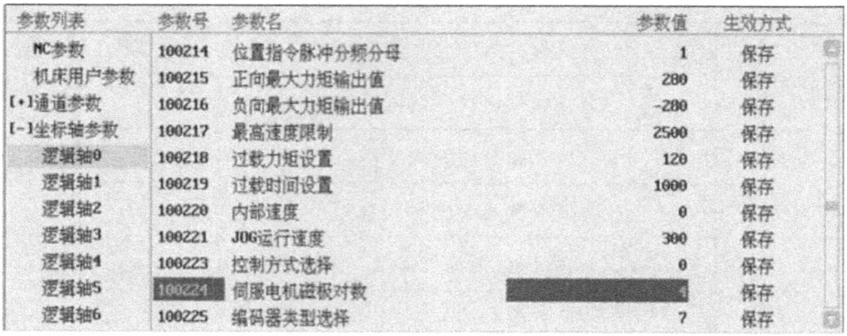

参数列表	参数号	参数名	参数值	生效方式
NC参数	100214	位置指令脉冲分频分母	1	保存
机床用户参数	100215	正向最大力矩输出值	280	保存
[+]通道参数	100216	负向最大力矩输出值	-280	保存
[-]坐标轴参数	100217	最高速度限制	2500	保存
逻辑轴0	100218	过载力矩设置	120	保存
逻辑轴1	100219	过载时间设置	1000	保存
逻辑轴2	100220	内部速度	0	保存
逻辑轴3	100221	JOG运行速度	300	保存
逻辑轴4	100223	控制方式选择	0	保存
逻辑轴5	100224	伺服电机磁极对数	4	保存
逻辑轴6	100225	编码器类型选择	7	保存

图 6-3　伺服电动机磁极对数及编码器类型选择

然后可根据实际情况再微调其他伺服参数。

（1）与伺服电动机相关的参数。

标配电动机参数设置：对于按照所推荐的标准配置来选择的伺服驱动和电动机，可按所推荐标准配置中的电动机类型代码来设置 PA-43,之后即可直接进入下一步参数设置。

非标配电动机参数设置：若电动机不是推荐的标准配置,则需手动设置与电动机相关的参数,具体操作按下述步骤进行。

① 确认伺服电动机规格是否与驱动单元规格相匹配,即电动机额定电流与驱动单元有效电流之比≤1.5(注：驱动单元有效电流指驱动器短时最大电流的有效值,在驱动器的铭牌上有标示)。

② 确认伺服驱动单元是否支持伺服电动机安装的编码器。

③ 连接驱动器的电源线 L1、L2、L3,同时连接电动机编码器线(注：不要连接电动机 U、V、W 线)。

④ 根据驱动单元型号设置以下参数。

PA-34：设置为 2003

PA-43：根据驱动单元类型设置

   HSV-160U-020：设置为 1102

   HSV-160U-030：设置为 1205

   HSV-160U-050：设置为 1310

   HSV-160U-075：设置为 1415

   HSV-180UD-035：设置为 1

   HSV-180UD-050：设置为 102

   HSV-180UD-075：设置为 204

   HSV-180UD-100：设置为 306

   HSV-180UD-150：设置为 409

⑤ 根据电动机型号设置以下参数。

PA-17:电动机最高速度限制

PA-18:过载力矩电流设置

PA-24:伺服电动机磁极对数

PA-25:伺服电动机编码器类型

PA-26:伺服电动机编码器零位偏移量

PA-27:电流比例增益设置

PA-28:电流积分时间常数设置

PB-42:伺服电动机额定电流

PB-43:伺服电动机额定转速

⑥ PA-34:设置为1230,在辅助菜单中保存参数;断电,连接电动机动力线U、V、W并重新给驱动单元上电。

⑦ 确认无误后将驱动单元接入系统正常运行。

注意:对于非标配电动机,在做完上面设置之后,要根据电动机运行状态修改PA-2、PA-3、PA-27、PA-28参数。

(2) 与转矩控制环(即电流控制环)相关的参数。

PA-27:电流控制环PI比例增益

PA-28:电流控制环PI积分时间常数(0.1ms)

PA-32:输出转矩滤波时间常数(0.1ms)

注意:一般情况下PA-27、PA-28不建议更改。

(3) 与速度控制环相关的参数。

PA-2:速度环PI调节器比例增益

PA-3:速度环PI调节器积分时间常数(单位:0.1ms)

PA-4:速度反馈滤波因子

PA-6:速度控制模式加速时间常数(单位:ms/1000r/min)

PA-38:速度控制模式减速时间常数(单位:ms/1000r/min)

(4) 与位置控制相关的参数。

PA-0:位置环调节器的比例增益(单位:0.1Hz)

PA-1:位置环调节器的前馈控制增益

PA-33:位置前馈滤波时间常数

PA-13:位置指令脉冲分频分子

PA-14:位置指令脉冲分频分母

PA-35:位置指令平滑滤波时间

3. 主轴伺服参数设置

在第一次上电后需设置电动机代码,之后输入到 PARM10X259"驱动器规格/电机类型代码"中,如图 6-4 所示。

参数列表	参数号	参数名	参数值	生效方式
NC参数	105250	C轴电子齿轮比分母	1	保存
机床用户参数	105251	串行通信波特率	2	保存
[+]通道参数	105252	通信子站地址	1	保存
[-]坐标轴参数	105253	IM电机额定电流	188	保存
逻辑轴0	105254	IM第2速度点对应最大负载电流	200	保存
逻辑轴1	105255	IM第2负载电流限幅速度	2000	保存
逻辑轴2	105256	PM主轴电机额定电流	420	保存
逻辑轴3	105257	PM主轴电机额定转速	2000	保存
逻辑轴4	105258	PM主轴电机弱磁起始点转速	2500	保存
逻辑轴5	105259	驱动器规格/电机类型代码	202	保存
逻辑轴6				

图 6-4　驱动器(单元)规格/电动机类型代码

再根据电动机设置 PARM10X224"主轴电机磁极对数"及 PARM10X225 "主轴电机编码器分辨率",如图 6-5 所示。

参数列表	参数号	参数名	参数值	生效方式
NC参数	105214	主轴与电机传动比分母	1	保存
机床用户参数	105216	C轴前馈控制增益	0	保存
[+]通道参数	105217	最高速度限制	9000	保存
[-]坐标轴参数	105218	过载电流设置	120	保存
逻辑轴0	105219	过载允许时间限制	100	保存
逻辑轴1	105220	内部速度	0	保存
逻辑轴2	105221	JOG运行速度	300	保存
逻辑轴3	105223	控制方式选择	1	保存
逻辑轴4	105224	主轴电机磁极对数	2	保存
逻辑轴5	105225	主轴电机编码器分辨率	0	保存
逻辑轴6	105226	同步主轴电机偏移量补偿	0	保存

图 6-5　主轴电动机磁极对数及编码器分辨率

设置完成以上两步后断电重启,驱动单元将自动根据电动机适配伺服参数,然后可根据实际情况再微调其他伺服参数。

(1)与异步主轴电动机相关的参数。

标配电动机参数设置:对于按照所推荐的标准配置的登奇异步主轴电动机,可按所推荐标准配置中的电动机类型代码来设置 PA-43,之后即可直接进入下一步参数设置。

非标配电动机参数设置:对于其他厂家的异步主轴电动机或电主轴,则必须手动设置运行参数,具体操作按下述步骤进行。

① 确认主轴电动机规格是否与驱动单元规格相匹配。

② 确认主轴驱动单元是否支持主轴电动机安装的编码器。

③ 连接驱动器的电源线 L1、L2、L3,同时连接电动机编码器线(注意:不要连接电动机 U、V、W 线)。

④ 根据异步主轴电动机铭牌或手册设置以下参数。

PA-41：设置为 2003

PA-59：根据驱动单元类型设置

　　　HSV-180AS-035：设置为 1

　　　HSV-180AS-050：设置为 102

　　　HSV-180AS-075：设置为 203

　　　HSV-180AS-100：设置为 304

　　　HSV-180AS-150：设置为 405

PA-17：最高速度限制（单位：1r/min）

PA-24：IM 电动机磁极对数

PA-25：IM 电动机编码器类型

PA-33：IM 电动机磁通电流（单位：额定电流的百分比）

PA-34：IM 电动机转子电气时间常数（单位：0.1ms）

PA-35：IM 电动机额定转速（单位：1r/min）

PA-53：IM 电动机额定电流（单位：0.1A）

⑤ PA-41：设置为 1230，在辅助菜单中保存参数；断电，连接电动机动力线 U、V、W 并重新给驱动单元上电。

⑥ 确认无误后将驱动单元接入系统正常运行。

（2）与转矩控制环（即电流控制环）相关的参数。

PA-1：输出转矩滤波时间常数（单位：0.1ms）

PA-27：电流控制环 PI 比例增益

PA-28：电流控制环 PI 积分时间常数（单位：0.1ms）

注：一般情况下 PA-27、PA-28 参数不建议更改。

（3）与速度控制环相关的参数。

PA-2：速度控制方式（或定向方式）速度 PI 比例增益

PA-3：速度控制方式（或定向方式）速度 PI 积分时间常数（单位：0.1ms）

PA-4：速度反馈滤波因子

PA-5：减速时间常数（单位：0.1s/8000r/min）

PA-6：加速时间常数（单位：0.1s/8000r/min）

（4）与位置控制相关的参数。

PA-0：C 轴位置控制方式位置比例增益（单位：0.1Hz）

PA-16：C 轴前馈控制增益

PA-42：C 轴位置控制方式速度 PI 比例增益

PA-43：C 轴位置控制方式速度 PI 积分时间常数（单位：1ms）

PA-49：C 轴电子齿轮比分子

PA-50:C 轴电子齿轮比分母

（5）主轴定向控制使用说明。

① 使用电动机编码器定向。

电动机编码器定向适用于主轴电动机与主轴传动比为 1∶1 的情况。

当使用电动机编码器定向时,应将电动机编码器反馈接入驱动单元的电动机编码器输入接口 XS5,设置运动参数如下。

主轴与电动机传动比分子 PA-13 设置为 1；

主轴与电动机传动比分母 PA-14 设置为 1；

根据实际需要设置主轴定向完成范围 PA-37；

主轴定向速度 PA-38；

主轴定向位置 PA-39。

设置控制参数如下。

使用电动机编码器反馈 STA-13 设置为 0；

使用电动机编码器定向 STA-15 设置为 0；

根据实际需要设置主轴定向旋转方向 STA-14。

② 使用主轴编码器定向。

主轴编码器定向适用于主轴电动机与主轴在传动比不等于 1∶1 的情况。

当使用主轴编码器定向时,应将电动机编码器反馈接入驱动单元的电动机编码器输入接口 XS5,主轴编码器反馈接入驱动单元的第二位置反馈信号输入接口 XS6。设置运动参数如下。

根据实际所使用的主轴编码器,设置主轴编码器分辨率 PA-47；

主轴定向完成范围 PA-37；

主轴定向速度 PA-38；

主轴定向位置 PA-39。

设置控制参数如下。

使用主轴编码器反馈 STA-13 设置为 1；

使用主轴编码器定向 STA-15 设置为 1；

根据实际需要设置主轴定向旋转方向 STA-14。

③ 使用零位开关定向。

零位开关定向适用于主轴电动机与主轴传动比不等于 1∶1 的情况。

当使用零位开关定向时,应将电动机编码器 A 相、B 相反馈接入驱动单元的第二位置反馈信号输入接口 XS6,零位开关 Z 信号反馈也同时接入驱动单元的第二位置反馈信号输入接口 XS6。设置运动参数如下。

主轴与电动机传动比分子 PA-13 设置为 1；

主轴与电动机传动比分母 PA-14 设置为 1；

主轴定向完成范围 PA-37；

主轴定向速度 PA-38；

主轴定向位置 PA-39；

此时主轴定向位置范围是 $(0 \sim 4096) \times n$（主轴电动机与主轴传动比）。

设置控制参数如下。

使用电动机编码器反馈 STA-13 设置为 0；

使用电动机编码器定向 STA-15 设置为 0；

根据实际需要设置主轴定向旋转方向 STA-14。

注意：为了具有更好的抗干扰能力，推荐使用差分输出方式的零位开关。

6.2.3　PLC 修改

HNC-8 型数控系统配备有标准的 PLC，基本上满足用户现场使用要求，在开始联调机床之前，只需要逐一检查梯形图的每个 I/O 点位与机床的电气设计是否一致，如图 6-6 所示，当被调试机床的急停点位不是 X1.6 时，则需要修改梯形图。

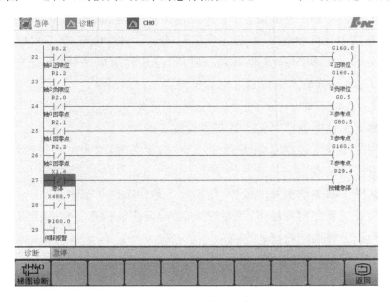

图 6-6　PLC 修改示例

6.3　连接机床调试

6.3.1　进给调试

（1）在参数设置和 PLC 修改以后，要对进给轴进行通电运行，确保进给部分能正常运行，否则不能进行后续调试，操作步骤如下。

① 松开急停按钮,接通伺服单元使能信号,松开升降轴的抱闸。

② 检查电动机的抱闸,确认已经打开。可测量抱闸控制电源(DC24 V)或在松开急停按钮时,通过仔细聆听抱闸打开时发出的"哒"声,来判断抱闸是否打开。

③ 在手动方式或手摇的方式下,控制电动机运行,检查机床的移动方向和移动距离是否与数控单元所发出的位移和方向指令一致。否则,可修改轴参数中的电子齿轮比分子和电子齿轮比分母。

(2) 根据机械传动的情况及设计要求,正确设置各个坐标轴的最高快移速度、最高加工速度、回参考点快移速度、回参考点定位速度。

注意以下几点。

① 这几个速度参数中,最高快移速度是最大的。

② 速度的设置应该注意避免使伺服电动机超过其额定转速。

③ 回参考点的快移速度应该高于回参考点的定位速度。

(3) 根据机械传动情况,调整各个坐标轴的系统参数(快移加减速时间常数、快移加减速捷度时间常数、加工加减速时间常数、加工加减速捷度时间常数),以及驱动单元的相关参数,使各个坐标轴既能响应快速,又不对电动机及机械传动部分冲击太大,原则是电动机在启动、停止和加减速时,驱动单元的输出电流不要太大,建议最大不要超过电动机额定电流的三倍。

6.3.2 主轴调试

(1) 检查主轴驱动单元的参数是否设置正确。

(2) 用主轴速度控制指令(S 指令,PLC 程序实现)改变主轴转速,检查主轴速度的变化是否正确。

(3) 调整主轴驱动单元的参数,使其处于最佳工作状态。

(4) 检查主轴定向功能,若支持位置方式,还应该检查主轴方式切换功能。

(5) 检查主轴换挡功能。

注意:若主轴有制动装置,则主轴运行前,应确保该装置已经松开。

6.3.3 软限位和零点设置

1. 机床零点设置

HNC-8 型数控系统的零点是通过参数 PARM10X012"编码器反馈偏置量"设置的,由于绝对式编码器第一次使用时会反馈一个随机位置值,用户可以将此值填入该参数,这时当前位置即为机床坐标系零点所在位置。可根据实际情况和需要来设置机床的零点。

计算"编码器反馈偏置量"方法如下。

(1) 查看"电动机位置",如图 6-7 所示。此处的"电动机位置"为伺服驱动单元所读出的电动机编码器反馈给数控系统的总脉冲数。

图 6-7　电动机位置

（2）将"电机位置"的总脉冲数除以轴每转脉冲数，再乘以轴旋转一周移动的距离，也就是除以电子齿轮比分母（脉冲）再乘以电子齿轮比分子（位移）。由于电子齿轮比分子单位是 μm，要变换成 mm，就要除以 1000。

例如电动机位置为 266700000，轴旋转一周为 131072 个脉冲，丝杠导程为 4 mm。将此位置设为当前机床 X 轴的零点，则编码器反馈偏置量＝266700000/131072×4＝8139.0381。

2. 机床软限位设置

在机床能运行后，应设置软限位坐标，以保证机床的安全，具体操作如下。

（1）在机床的手动或者手摇的方式下，使机床轴运动到正负两端适当安全位置（根据机床行程和机床结构分布确定），记下此时机床坐标轴位置。

（2）将记下的坐标轴位置分别填入到轴参数中的"正软极限坐标"和"负软极限坐标"。

（3）设置好后，只有机床回参考点时，软限位才生效。如果是绝对值，电动机上电就生效。

6.3.4　其他

（1）调试完成后应该让机床的各个坐标轴在全行程范围内进行连续运行，开始时速度不应该太快，可在 1000 mm/min 左右。匀速运行时，注意观察各进给轴的跟踪误差及各电动机的工作电流是否都平稳，电动机、机械零件是否有异响。电动机电流应该是其额定电流的 20％左右比较合适，以此检验机械传动部分的安装是否正常。

（2）电动机空运行和安装在机床上以后，其驱动单元的位置增益、速度增益等参数的设置应该不同。

（3）检查 PLC 设计的其他内容。主要包括 M、S、T 指令，安全互锁关系等。

（4）对于加工中心或具备自动换刀功能的车床，则需要调试和检查换刀过程。

6.4 机床误差补偿

6.4.1 准备工作

1.机床准备

（1）完成前述的调试工作，确保机床的运行安全、平稳。

（2）完成机床落位后的几何精度测试与调整，主要是工作台的水平、垂直等精度。

（3）机床的机械传动精度达到设计要求，可以通过测量机床各坐标轴全行程范围内不同位置的反向间隙与重复定位精度进行简单的判断。

（4）采用自动方式连续运行至少 30 min，使机床进给部分的温升基本平衡。

① 机床安装的位置改变后必须重新进行几何精度的测试与调整。

2.仪器准备

机床误差补偿内容主要包括反向间隙误差和螺距误差两种，可以使用百分表、量块或激光干涉仪测量。

在使用激光干涉仪进行测量时，注意应该可靠地安装激光干涉仪自带的温度传感器。

6.4.2 反向间隙补偿

对于小型机床，通常不进行螺距误差补偿，此时需要用百分表测量反向间隙，测量方法如图 6-8 所示。

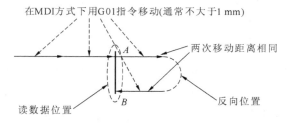

图 6-8 反向间隙测量方法示意图

反向间隙误差补偿值＝|数据 A －数据 B|，单位为 mm 或（°）。例如：数据 A＝3 mm，数据 B＝2.975 mm，则反向间隙误差补偿值＝（3－2.975）mm ＝0.025 mm。

注意：

（1）在测量前应将反向间隙误差补偿值设为 0，否则，新的补偿值应该是原补偿值与测量数据的叠加，并且在叠加时需要注意测量所得数据的符号。

（2）在机床工作行程内的不同位置，间隙可能不同。因此，一般选取最常用的工作行程区域进行测量,例如被测进给坐标行程的中间,也可以在常用行程区域内取多个点测量,计算各个点的平均值作为反向间隙的补偿值。

(3)采用激光干涉仪测量时,可以同时得到反向间隙误差补偿值和螺距误差补偿值。

(4)若采用双向螺距误差补偿,则可以不进行反向间隙补偿,而通过双向螺距补偿数据补偿反向间隙。在这种情况下,各个补偿点可以实现不同反向间隙误差的补偿。

6.4.3 螺距误差补偿

螺距误差补偿分单向和双向补偿两种。单向补偿是指进给轴正、反向移动,采用相同的数据补偿,双向补偿是指进给轴正、反向移动,分别采用各自不同的数据补偿。

螺距误差补偿方法如图 6-9 所示。螺距误差补偿值=机床指令位置-机床实际位置,单位为 mm 或(°)。

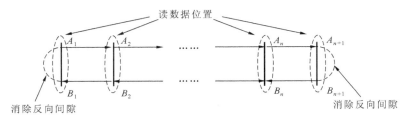

图 6-9　螺距误差补偿方法示意图

$A_1 \sim A_{n+1}$ 为进给轴正向移动时测得的实际机床位置

$B_1 \sim B_{n+1}$ 为进给轴负向移动时测得的实际机床位置

示例如下。

已知:补偿对象为 X 轴,正向回参考点,正向软限位为 2 mm,负向软限位为-602 mm。

相关螺距误差补偿参数设定如下。

补偿类型:2(双向补偿)

补偿起点坐标:-600.0 mm

补偿点数:16

补偿点间距:40.0 mm

取模补偿使能:0(禁止取模补偿)

补偿倍率:1.0

误差补偿表起始参数号:700000

确定各采样补偿点。

按照以上设定,补偿行程为 600 mm,各补偿点的坐标从小到大依次为:

－600,－560,－520,－480,－440,－400,－360,－320,－280,－240,

－200,－160,－120,－80,－40,0。

确定分配给 X 轴的螺距误差补偿表参数号。

正向补偿表起始参数号为:700000

正向补偿表终止参数号为:700015

负向补偿表起始参数号为:700016

负向补偿表终止参数号为:700031

激光干涉仪测量螺距误差的程序如下所示。

%0110	
G54	;G54 坐标系应设置为与机床坐标系相同。
G00 X0 Y0 Z0	
WHILE TRUE	
G91 G01 X1 F2000	;X轴正向移动 1mm。
G04 P4000	;暂停 4 s。
G91X-1	;X轴负向移动 1 mm,返回测量开始位置,消除反向间隙。
	;此时测量系统清零。
G04 P4000	;暂停 4 s,测量系统开始记录负向进给螺距误差数据。
M98 P1111 L15	;调用负向移动子程序 15 次,程序号为 1111。
G91 X-1 F1000	;X轴负向移动 1 mm。
G04 P4	;暂停 4 s。
G91 X1	;X轴正向移动 1 mm,返回测量开始位置,消除反向间隙。
G04 P4000	;暂停 4 s,测量系统开始记录正向进给螺距误差数据。
M98 P2222 L15	;调用正向移动子程序 15 次,程序号为 2222。
ENDW	;循环程序尾。
M30	;停止返回。
%1111	;X轴负向移动子程序。
G91 X-40 F1000	;X轴负向移动 40 mm。
G04 P4000	;暂停 4 s,测量系统记录数据。
M99	;子程序结束。
%2222	;X轴正向移动子程序。
G91 X40 F500	;X轴正向移动 40 mm。
G04 P4000	;暂停 4s,测量系统记录数据。
M99	;子程序结束。

注意:测量螺距误差前,应首先禁止该轴上的其他各项误差补偿功能。

标定结果按如下方式输入:

① 将坐标轴沿正向移动时,各采样补偿点处的补偿值为依次所输入的数据表参数(参数号 700000~参数号 700015)。

② 将坐标轴沿负向移动时,各采样补偿点处的补偿值为依次所输入的数据表参数(参数号 700016~参数号 700031)。

附录 A 简明参数分类

（1）有关车/铣床机床用户设置的参数如表 A-1 所示。

表 A-1 有关车/铣床机床用户设置的参数

参　数　号	参　数　名　称	参　数　含　义
＃010000	通道最大数	设置数控系统允许开通的最大通道数,普通车/铣床设置 1
＃010001	通道切削类型	该参数组用于指定各通道的类型。 0:铣床切削系统; 1:车床切削系统; 2:车铣复合系统
＃010009	通道选择标志	一个工件装夹位置,可以有多个主轴及其传动进给轴工作,即对应多个通道,普通车/铣床设置 1
＃010017	通道显示轴标志	数控系统人机界面可以根据实际需求对每个通道中的轴进行有选择的显示; 标准车床配置是轴 0、2、5,此参数设置 25,如没有 C 轴则设置 5; 标准铣床配置是轴 0、1、2、5,此参数设置 27,如没有 C 轴则设置 7
＃010033	通道负载电流显示轴定制	数控系统人机界面可以根据实际需求决定各通道中显示哪些轴的负载电流; 标准车床配置是 0、2、5,标准铣床配置是 0、1、2、5
＃040001	X 坐标轴轴号	配置当前通道内 X 进给轴的轴号,标准车/铣床设置 0
＃040002	Y 坐标轴轴号	配置当前通道内 Y 进给轴的轴号,标准车床无 Y 轴设置 −1,标准铣床设置 1
＃040003	Z 坐标轴轴号	配置当前通道内 Y 进给轴的轴号,标准车/铣床设置 2
＃040006	C 坐标轴轴号	配置当前通道内 C 旋转轴的轴号,如车/铣床主轴带动 C 轴做功,则此参数设置 −2
＃040010	主轴 0 轴号	该组参数用于配置当前通道内各主轴的轴号,如为标准车/铣床的主轴,则此参数设置 5

（2）有关轴控制设定的参数如表 A-2 所示。

表 A-2 有关轴控制设定的参数

参 数 号	参 数 名 称	参 数 含 义
♯040001～ ♯040009	坐标轴轴号	该组参数用于配置当前通道内各进给轴的轴号,即实现通道进给轴与逻辑轴之间的映射; 0～127:指定当前通道进给轴的轴号; −1:当前通道进给轴没有映射逻辑轴,为无效轴; −2:当前通道进给轴保留给 C/S 轴切换
♯040010～ ♯040013	主轴 0/1/2/3 轴号	该组参数用于配置当前通道内各主轴的轴号,即实现通道主轴与逻辑轴之间的映射; 0～127:指定当前通道主轴的轴号; −1:当前通道主轴没有映射逻辑轴,为无效轴
♯10X001	轴类型	对于机床配置的物理轴都有自身的用途,本参数用于配置轴的类型; 0:未配置,缺省值; 1:直线轴; 2:摆动轴,显示角度坐标值不受限制; 3:旋转轴,显示角度坐标值只能在指定范围内,实际坐标超出时将取模显示; 10:主轴
♯10X004	电子齿轮 比分子(位移)	对于直线轴而言,本参数是用来设置电动机每转一圈机床移动的距离; 对于旋转轴而言,本参数是用来设置电动机每转一圈机床移动的角度
♯10X005	电子齿轮比分母 (脉冲)	本参数用来设置电动机转轴每转一周所需脉冲指令数
♯10X067	轴每转脉冲数	所使用的电动机转轴旋转一周,数控装置所接收到的脉冲数,即由伺服驱动单元或伺服电动机反馈到数控装置的脉冲数,一般为伺服电动机位置编码器的实际脉冲数
♯10X082	旋转轴短路径 选择使能	如果将本参数设置为1,即开启旋转轴短路径选择功能,则当指定旋转轴移动时(绝对指令方式),数控系统将选取到此终点最短距离的方向移动
♯10X090	编码器工作模式	该参数用于设定进给轴跟踪误差的计算方式; 0:跟踪误差由伺服驱动器计算,数控系统直接从伺服驱动器获取跟踪误差; 100(第 8 位设 1):跟踪误差由数控系统计算; 1000(第 12 位设 1):对于超长行程直线轴或配有大减速比的直线轴/旋转轴,如果选用绝对式编码器,为避免该轴长时间同方向运行导致断电重启后机床坐标丢失的问题,则必须开启绝对式编码器翻转计数功能

注:表内"参数号"中的 X 代表具体轴号,如铣床 X 轴为 0,Y 轴为 1,Z 轴为 2,后同。

（3）有关显示设置的参数如表 A-3 所示。

表 A-3　有关显示设置的参数

参 数 号	参 数 名 称	参 数 含 义
＃000018	系统时间显示使能	该参数用于设定数控系统人机界面是否显示当前系统时间； 0：不显示系统时间； 1：显示系统时间
＃000020	报警窗口自动显示使能	该参数用于设定数控系统是否自动显示报警信息窗口； 0：不自动显示报警信息窗口； 1：若系统出现新的报警信息时，自动显示报警信息窗口
＃000022	图形自动擦除使能	该参数用于设定数控系统图形轨迹界面是否自动擦除上一次程序运行轨迹显示； 0：图形轨迹不会自动擦除； 1：程序开始运行时自动擦除上一次程序运行轨迹
＃000023	F 进给速度显示方式	该参数用于设置数控系统人机界面中 F 进给速度的显示方式； 0：显示实际进给速度； 1：显示指令进给速度
＃000024	G 代码行号显示方式	该参数用于设置数控系统人机界面中 G 代码行号的显示方式； 0：不显示 G 代码行号； 1：仅在编辑界面显示 G 代码行号； 2：仅在程序运行界面显示 G 代码行号； 3：编辑和程序运行界面都显示 G 代码行号
＃000025	尺寸米制/英制显示选择	该参数用于设置数控系统人机界面按英制还是按米制单位显示； 0：英制显示； 1：公制显示
＃010220～＃010221	通道模态 G 指令显示定制	数控系统人机界面可以根据实际需求对每个通道当前使用的模态 G 指令进行有选择的显示； 该组参数为数组型参数，用于设定各通道需要显示的模态 G 指令组号，输入的各组号用"."或","进行分隔
＃040027	主轴转速显示方式	该参数属于置位有效参数，用于设定通道内各主轴转速显示方式，位 0～位 3 分别对应主轴 0～主轴 3 转速显示方式，为 1 时显示指令转速，为 0 时显示实际转速
＃10X000	显示轴名	本参数配置指定轴的界面显示名称，如是轴 1 则参数号为＃101000，其他逻辑轴以此类推
＃000026	位置值小数点后显示位数	该参数用于设定数控系统人机界面中位置值小数点后显示位数，包括机床坐标、工件坐标、剩余进给等

续表

参 数 号	参 数 名 称	参 数 含 义
♯000027	速度值小数点后显示位数	该参数用于设定数控系统人机界面中所有速度值小数点后显示位数,包括 F 进给速度等
♯000028	转速值小数点后显示位数	该参数用于设定数控系统人机界面中所有转速值小数点后显示位数,包括主轴 S 转速等
♯000032	界面刷新时间间隔	该参数用于设定数控系统人机界面刷新显示时间间隔,单位是 μs
♯040000	通道名	该参数用于设定通道名,如将通道 0 的通道名设置为"CH0",通道 1 的通道名设置为"CH1"; 数控系统人机界面状态栏能够显示当前工作通道的通道名,当进行通道切换时,状态栏中显示的通道名也会随之改变; 普通车/铣床只有一个通道
♯10X199	显示速度积分周期数	由于在轴移动过程中,如每个插补周期,都刷新一次轴移动速度,会出现显示值变化太快的现象,因此将此速度积分周期数内运算出的速度取平均值后再显示,此值通常设为 50

（4）有关速度设置的参数如表 A-4 所示。

表 A-4 有关速度设置的参数

参 数 号	参 数 名 称	参 数 含 义
♯040030	通道的缺省进给速度	当前通道内编制的程序没有给定进给速度时,数控系统将使用该参数指定的缺省进给速度执行程序
♯040031	空运行进给速度	当数控系统切换到空运行模式时,机床将采用该参数设置的进给速度执行程序
♯10X015	回参考点高速	回参考点时,在压下参考点开关前的快速移动速度
♯10X016	回参考点低速	回参考点时,在压下参考点开关后,减速定位移动的速度,对于移动轴,此单位为 mm/min
♯10X032	慢速点动速度	本参数用于设定在 JOG 方式下,轴的移动速度,对于移动轴,此单位为 mm/min
♯10X033	快速点动速度	本参数用于设定在 JOG 方式下,轴快速移动的速度
♯10X034	最大快移速度	当快移修调为最大时,G00 快移定位(不加工)的最大速度,对于移动轴,此单位为 mm/min
♯10X035	最高加工速度	数控系统执行加工指令(G01、G02 等)所允许的最大加工速度
♯10X031	转动轴折算半径	设置该参数可将旋转轴速度由角速度转换为线速度,当此值为 57.3 mm 时,旋转轴的速度为 360 mm/min,相当于 360°/min

（5）有关轴参考点的参数如表 A-5 所示。

表 A-5　有关轴参考点的参数

参　数　号	参数名称	参　数　含　义
♯010165	回参考点延时时间	该参数用于设定机床进给轴回参考点过程中找到 Z 脉冲到回零完成之间的延时时间
♯10X010	回参考点模式	HNC-8 系列数控系统回参考点模式分为以下几种。 0：绝对编码； 　当编码器通电时就可立即得到位置值并提供给数控系统，数控系统电源切断时，机床当前位置不丢失，因此数控系统无需移动机床轴去找参考点位置，机床可立即运行； 　2：＋－； 　从当前位置，按回参考点方向，以回参考点高速移向参考点开关，在压下参考点开关后以回参考点低速反向移动，直到数控系统检测到第一个 Z 脉冲位置，再按 Parm100013"回参考点后的偏移量"设定值继续移动一定距离后，回参考点完成； 　3：＋－＋； 　从当前位置，按回参考点方向，以回参考点高速移向参考点开关，在压下参考点开关后反向移动离开参考点开关，然后再次反向以回参考点低速搜索 Z 脉冲，直到数控系统检测到第一个 Z 脉冲位置，再按 Parm100013"回参考点后的偏移量"设定值继续移动一定距离后，回参考点完成； 　4：距离码回零方式 1； 　当数控系统配备带距离编码光栅尺时，机床只需要移动很短的距离即能找到参考点，建立坐标系，距离码回零方式 1 为当光栅尺反馈与回零方向相同时填 4； 　5：距离码回零方式 2； 　当数控系统配备带距离编码光栅尺时，机床只需要移动很短的距离即能找到参考点，建立坐标系，距离码回零方式 2 为当光栅尺反馈与回零方向相反时填 5
♯10X011	回参考点方向	本参数用于设置发出回参考点指令后，坐标轴搜索参考点的初始移动方向； －1：负方向； 1：正方向； 0：用于距离码回零
♯10X012	编码器反馈偏置量	该参数主要针对绝对式编码器电动机，由于绝对式编码器第一次使用时会反馈一个随机位置值，用户可以将此值填入该参数，这时当前位置即为机床坐标系零点所在位置
♯10X013	回参考点后的偏移量	回参考点时，数控系统检测到 Z 脉冲后，可能不作为参考点，而是继续走过一个参考点偏差值，才将其坐标设置为参考点； 缺省设置为 0。通常此参数为四分之一螺距

续表

参 数 号	参 数 名 称	参 数 含 义
♯10X014	回参考点Z脉冲屏蔽角度	在使用增量式位移测量反馈系统的机床回参考点时,由于参考点开关存在位置偏差,可能导致两次回参考点相差一个螺距。当Z脉冲信号与参考点信号过于接近时,设置一个屏蔽角度,将参考点信号前后的Z脉冲忽略掉,而去检测下一个Z脉冲信号,从而解决回参考点不一致的情况。用户可通过在示值中查看"Z脉偏移"来设置此参数,如果是丝杠导程为10 mm的丝杠,回零后Z脉偏移值为9.8,那么很有可能会影响回零,在丝杠螺距一半的位置最合适,用户可以在此写入180,也就是让丝杠多转半圈,那么再回零时"Z脉偏移"就为4.8
♯10X015	回参考点高速	回参考点时,在压下参考点开关前的快速移动速度
♯10X016	回参考点低速	回参考点时,在压下参考点开关后,减速定位移动的速度
♯10X017	参考点坐标值	该参数主要针对距离码回零,由于距离码回零是就近回零,回零完成后并不在同一个位置,第一次使用距离码回零后会反馈一个位置值,如用户将此点定为机床零点,可以将此值填入该参数,这时当前位置即为机床坐标系零点所在位置。增量式、绝对式电动机也可用此参数
♯10X018	距离码参考点间距	本参数表示带距离编码参考点的增量式测量系统相邻参考点标记间隔距离
♯10X019	间距编码偏差	本参数表示带距离编码参考点的增量式测量系统参考点标记变化间隔距离
♯10X020	搜索Z脉冲最大移动距离	用于设置参考点Z脉冲搜索距离,通常情况下Z脉冲搜索距离在丝杠的一个丝杠导程以内

（6）有关手摇设置的参数如表 A-6 所示。

表 A-6 有关手摇设置的参数

参 数 号	参 数 名 称	参 数 含 义
♯10X042	手摇单位速度系数	手摇控制时每摇动一格手脉发生器轴运动的最高速度
♯10X043	手摇脉冲分辨率	本参数设置当手摇倍率×1时,摇动手摇一格,发出一个脉冲轴所走的距离。车床如为直径显示,则X轴此值为0.5,Z轴此值为1
♯10X044	手摇缓冲速率	摇动手摇时由于在有效时间内轴不能移动到指定位置,所发出的未执行的脉冲使轴移动的速率
♯10X045	手摇缓冲周期数	当手摇在手摇缓冲周期数以内摇动时,机床以低速移动,当超过手摇缓冲周期数时,机床才以最大手摇速度移动
♯10X046	手摇过冲系数	此参数用于设置由于快速摇动手摇后突然停止时轴还会过冲多远的情况,此参数设置越大则过冲越大,设置越小则过冲越小,此参数设置太小则会丢弃轴移动不完的脉冲
♯10X047	手摇稳速调节系数	此参数用于设置手摇在摇动过程中速度不均匀的情况

（7）有关车床直/半径设置的参数如表 A-7 所示。

表 A-7 有关车床直/半径设置的参数

参 数 号	参 数 名 称	参 数 含 义
♯000065	车刀直径显示使能	该参数用于设定刀具表中车刀的 X 轴方向坐标值显示； 0:半径显示； 1:直径显示； 此参数设为 1
♯010001	工位 1 切削类型	该参数组用于指定各工位的类型； 0:铣床切削系统； 1:车床切削系统； 2:车铣复合系统； 此参数设为 1
♯040032	直径编程使能	车床加工工件的径向尺寸通常以直径方式标注,因此编制程序时,为简便起见,可以直接使用标注的直径方式编写程序,此时直径上一个编程单位的变化,对应径向进给轴半个单位的移动量,该参数用来选择当前通道的编程方式； 0:半径编程方式 ； 1:直径编程方式
♯10X043	手摇脉冲分辨率	本参数设置当手摇倍率×1时,摇动手摇一格,发出一个脉冲轴所走的距离,此参数设为 0.5

（8）有关加减速控制的参数如表 A-8 所示。

表 A-8 有关加减速控制的参数

参 数 号	参 数 名 称	参 数 含 义
♯040069	运动规划方式	在 HNC-8 型系列数控系统中,对于小线段插补存在两种运动规划方式； 运动规划方式 0 时样条插补有效,快移加减速捷度时间常数有效,加工加减速捷度时间常数无效； 运动规划方式 1 时样条插补无效,快移加减速捷度时间常数有效,加工加减速捷度时间常数有效
♯10X036	快移加减速 时间常数	快移加减速时间常数指轴快移运动(G00)时直线轴从 0 加速到 1000 mm/min 或从 1000 mm/min 减速到 0 的时间,当为旋转轴时是从 0 加速到 1000rad/min 或从 1000rad/min 减速到 0 的时间。该参数决定了轴的快移加速度大小,快移加减速时间常数越大,加减速就越慢
♯10X037	快移加减速捷度 时间常数	该参数用于设定指定轴快移运动(G00)的加加速度(捷度),时间常数越大,加速度变化越平缓
♯10X038	加工加减速 时间常数	加工加减速时间常数指轴加工运动(G01、G02……)时直线轴从 0 加速到 1000 mm/min 或从 1000 mm/min 减速到 0 的时间,当为旋转轴时是从 0 加速到 1000rad/min 或从 1000rad/min 减速到 0 的时间。该参数决定了轴的加工加速度大小,加工加减速时间常数越大,加减速就越慢

续表

参 数 号	参 数 名 称	参 数 含 义
#10X039	加工加减速捷度时间常数	该参数用于设定指定轴加工运动(G01等)的加加速度(捷度),时间常数越大,加速度变化越平缓
#10X040	螺纹加速时间常数	螺纹加速时间常数指轴在螺纹加工过程中从0加速到1000 mm/min所需的时间,该参数决定了指定轴螺纹加工加速度大小,螺纹加速时间常数越大,加速过程就越慢
#10X041	螺纹减速时间常数	螺纹减速时间常数指轴在螺纹加工过程中从1000 mm/min减速到0所需的时间,该参数决定了指定轴螺纹加工减速度大小,螺纹减速时间常数越大,减速过程就越慢

(9)有关总线控制面板的参数如表A-9所示。

表A-9 有关总线控制面板的参数

参 数 号	参 数 名 称	参 数 含 义
#5X010	MCP类型	该参数用于指定总线控制面板的类型: 0:无效; 1:HNC-8A型控制面板; 2:HNC-8B型控制面板; 3:HNC-8C型控制面板
#5X012	输入点起始组号	该参数用于设定总线控制面板输入信号在X寄存器中的位置
#5X013	输入点组数	该参数用于标识总线控制面板输入信号的组数
#5X014	输出点起始组号	该参数用于设定总线控制面板输出信号在Y寄存器中的位置
#5X015	输出点组数	该参数用于标识总线控制面板输出信号的组数
#5X016	手摇方向取反标志	当总线控制面板手摇的拨动方向与轴进给方向相反时,通过设置该参数能够改变手摇进给方向
#5X017	手摇倍率放大系数	当该参数设定值大于0时总线控制面板的手摇脉冲数将与倍率放大系数相乘后再输入到数控系统
#5X018	波段开关编码类型	0:波段开关采用8421码; 1:波段开关采用格莱码

注:参数编号中的X表示设备号,如设备5,那么X值为05。后同。

(10)有关总线I/O模块的参数如表A-10所示。

137

表 A-10　有关总线 I/O 模块的参数

参　数　号	参　数　名　称	参　数　含　义
♯5X012	输入点起始组号	该参数用于设定总线 I/O 模块输入信号在 X 寄存器中的位置
♯5X013	输入点组数	该参数用于标识总线 I/O 模块输入信号的组数
♯5X014	输出点起始组号	该参数用于设定总线 I/O 模块输出信号在 Y 寄存器中的位置
♯5X015	输出点组数	该参数用于标识总线 I/O 模块输出信号的组数

（11）有关伺服轴的参数如表 A-11 所示。

表 A-11　有关伺服轴的参数

参　数　号	参　数　名　称	参　数　含　义
♯5X010	工作模式	该参数用于设定总线网络中伺服轴的默认工作模式； 1:位置增量模式； 2:位置绝对模式； 3:速度模式
♯5X011	逻辑轴号	该参数用于建立伺服轴设备与逻辑轴之间的映射关系； -1:设备与逻辑轴之间无映射； 0~127:映射逻辑轴号
♯5X012	编码器反馈取反标志	0:编码器反馈直接输入数控系统； 1:编码器反馈取反输入数控系统
♯5X014	反馈位置循环使能	0:反馈位置不采用循环计数方式； 1:反馈位置采用循环计数方式
♯5X015	反馈位置循环脉冲数	当反馈位置循环使能时,该参数用于设定循环脉冲数,一般情况下应填入轴每转脉冲数
♯5X016	编码器类型	该参数用于指定伺服轴编码器类型以及 Z 脉冲信号反馈方式； 0 或 1:增量式编码器,有 Z 脉冲信号反馈； 2:增量式直线光栅尺,带距离编码 Z 脉冲信号反馈； 3:绝对式编码器,无 Z 脉冲信号反馈

附录 B HSV-180UD/160U 参数

1. PA 运动参数

如表 B-1 所示, P 表示位置控制方式, S 表示速度控制方式。

◆表示修改此参数, 必须先将 PA-34 参数修改为 2003, 否则修改无效。

表 B-1 运动参数一览表

参数序号	名　　称	适用方法	参数范围	缺省值	单位与说明
0	位置比例增益	P	20～10000	400	0.1Hz
1	位置前馈增益	P	0～150	0	1%
2	速度比例增益	P,S	20～10000	500	
3	速度积分时间常数	P,S	15～500	20	ms
4	速度反馈滤波因子	P,S	0～9	1	
5	最大力矩输出倍率	P,S,T	30～500	300	1%
6	加速时间常数	S	1～32000	200	1ms/1000r/min
7	保留				
8	保留				
9	保留				
10	全闭环反馈信号计数取反	P	0 或 512	0	
11	定位完成范围	P	0～3000	100	0.0001 圈
12	位置超差范围	P	1～100	20	0.1 圈
13	位置指令脉冲分频分子	P	1～32767	1	
14	位置指令脉冲分频分母	P	1～32767	1	
15	正向最大力矩输出值	P,S,T	0～500	280	1%
16	负向最大力矩输出值	P,S,T	−500～0	−280	1%
17	最高速度限制	P,S	100～12000	2500	1r/min
18	系统过载力矩设置	P,S,T	30～200	120	1%
19	过载时间设置	P,S	40～32000	1000	0.01 s
20	内部速度	S	−32000～32000	0	0.1r/min
21	JOG 运行速度	P,S	0～2000	300	1r/min
22	保留				
23	控制方式选择	P,S,T	0～7	0	0:位置控制 1:模拟速度 3:内部速度 7:编码器校零
24	伺服电动机磁极对数 ◆	P,S,T	1～12	3	
25	编码器类型选择 ◆	P,S,T	0～9	4	0:1024 线 1:2000 线 2:2500 线 3:6000 线 4: ENDAT2.1 5:BISS 6:HiperFACE 7:TAMAGAWA

参数序号	名　　　称	适用方法	参数范围	缺省值	单位与说明
26	编码器零位偏移量◆	P,S,T	−32767～32767	0	增量式编码器:距离零脉冲的脉冲数;绝对式编码器:折算到16位分辨率时的脉冲数
27	电流控制比例增益◆	P,S,T	10～32767	2600	
28	电流控制积分时间◆	P,S,T	1～2047	98	0.1ms
29	第二位置指令脉冲分频分子	P	1～32767	1	
30	第三位置指令脉冲分频分子	P	1～32767	1	
31	状态控制字1		−32767～32767	4097	对应STA15-STA0
32	转矩指令滤波时间常数	P,S	0～500	1	0.1ms
33	位置前馈滤波时间常数	P,S	0～3000	0	1ms
34	用户密码设置	P,S,T	0～2806	210	缺省值表示软件版本号:如210表示2.0版本;保存参数密码:1230;使用扩展参数密码:2003
35	位置指令平滑滤波时间	P	0～3000	0	1ms
36	通信波特率		0～3	2	0:2400bps 1:4800bps 2:9600bps 3:19200bps
37	轴地址	P,S	0～15	0	
38	减速时间常数	S	1～32000	200	1ms/1000r/min
39	第四位置指令脉冲分频分子	P	1～32767	1	
40	抱闸输出延时	P,S	0～2000	0	单位:ms;伺服OFF输入后输出抱闸的延时时间
41	允许抱闸输出的速度阈值	P,S	10～300	100	单位:1r/min;低于该设置时才允许抱闸动作
42	速度到达范围	P,S	1～500	10	单位:1r/min
43	驱动单元规格及电动机类型代码◆	P,S	0～1999	101	千位 0:HSV-180UD 百位 0:35A; 1:50A; 2:75A; 3:100A; 4:150A; 5:200A; 6:300A; 7:450A; 十位及个位表示电动机类型

2. PB 扩展运动参数

扩展运动参数如表 B-2 所示。

表 B-2　扩展运动控制参数一览表

参数序号	名　　称	适用方法	参数范围	缺省值	单位与说明
0	第二位置比例增益	P	20～10000	400	0.1Hz
1	第二速度比例增益	P，S	20～10000	250 *	
2	第二速度积分时间常数	P，S	15～500	20 *	ms
3	第二转矩指令滤波时间常数	P，S	0～500	0	0.1ms
4	增益切换条件	P	0～5	0	0:固定为第一增益; 1:固定为第二增益; 2:开关控制切换; 3:指令频率控制; 4:偏差脉冲控制; 5:电动机转速控制
5	增益切换阀值	P	0～10000	10	指令频率:0.1Kpps/unit 偏差脉冲:pulse 电动机转速:1r/min
6	增益切换滞环宽度	P	1～10000	5	单位同上
7	增益切换滞后时间	P	0～10000	2	单位:ms
8	位置增益切换延迟时间	P	0～1000	5	单位:ms; 增益切换时可以设定对位置增益的一阶低通滤波器
9	零速输出检测范围	P，S	1～100	10	单位:1r/min
10	伺服 OFF 引起的电动机断电延时	P，S	0～3000	20	单位:ms; 伺服 OFF 输入后延时关断 PWM 的时间
11	弱磁速度	P，S	1000～4500	1800	单位:1r/min
12	转矩惯量比值	P，S	10～20000	880	单位:N·m/kg·m²
13	负载惯量比	P，S	10～300	10	0.1 单位
14	数字输出 O4 功能	P，S	−9～+9	8	

参数序号	名　称	适用方法	参数范围	缺省值	单位与说明
15	数字输入 I1 功能	P,S	－16～＋16	1	0:输入无效； 1:伺服使能； 2:报警清除； 3:偏差清除； 4:脉冲禁止； 5:正向超程； 6:反向超程； 7:零速锁定； 8:增益切换开关； 9:电子齿轮切换开关0； 10:电子齿轮切换开关1； 11:正转矩限制； 12:负转矩限制； 13:急停开关； 14:内部速度选择1； 15:内部速度选择2； 16:内部速度选择3； 负号表示输入电平取反
16	数字输入 I2 功能	P,S	－16～＋16	2	
17	数字输入 I3 功能	P,S	－16～＋16	3	
18	数字输入 I4 功能	P,S	－16～＋16	4	
19	数字输入 I5 功能	保留			
20	数字输入 I6 功能	保留			
21	数字输出 O1 功能	P,S	－9～＋9	5	0:无效； 1:强制有效； 2:伺服准备好； 3:报警输出； 4:零速到达； 5:定位完成； 6:速度到达； 7:转矩限制中； 8:电磁抱闸输出； 9:零速锁定中； 负号表示输出电平取反
22	数字输出 O2 功能	P,S	－9～＋9	2	
23	数字输出 O3 功能	P,S	－9～＋9	3	
24	内部速度1	S	－6000～6000	0	1r/min

续表

参数序号	名　称	适用方法	参数范围	缺省值	单位与说明
25	内部速度2	S	−6000~6000	0	1r/min
26	内部速度3	S	−6000~6000	0	1r/min
27	内部速度4	S	−6000~6000	0	1r/min
28	内部速度5	S	−6000~6000	0	1r/min
29	内部速度6	S	−6000~6000	0	1r/min
30	内部速度7	S	−6000~6000	0	1r/min
31	状态控制字2		−32767~32767	0	对应 STB15-STB0
32	第一陷波器频率	P,S	100~2000	1500	Hz
33	第一陷波器宽度	P,S	0~20	2	
34	第一陷波器深度	P,S	0~100	0	
35	第二陷波器频率	P,S	100~2000	1500	Hz
36	第二陷波器宽度	P,S	0~20	2	
37	第二陷波器深度	P,S	0~100	0	
38	陷波器应用模式	P,S	0~3	0	0:陷波器无效; 1:陷波器1有效; 2:陷波器2有效; 3:陷波器1、2有效
39	位置指令平滑系数	P	0~31	0	位置指令FIR滤波的移动平均次数
40	反馈脉冲输出分频系数	P,S	1000~15000	2500	电动机反馈输出到上位机的每转脉冲个数(×4)
41	指令脉冲输入对应的电动机反馈脉冲个数	P	1000~25000	2500	上位机输出的对应电动机转动一圈的脉冲个数(×4); 当STB4为零时,电子齿轮参数PA13、PA14为有效。为1时,电子齿轮参数为使伺服电动机旋转一周所需要输入的指令脉冲,此时,电子齿轮参数无效
42*	电动机额定电流	P,S	300~15000	680	0.01A
43*	电动机额定转速	P,S	100~9000	2000	1r/min
44	保留				
45	保留				
46	保留				

续表

参数序号	名　称	适用方法	参数范围	缺省值	单位与说明
47	保留				
48	保留				
49	保留				
50	保留				
51	保留				
52	保留				
53	保留				
54	保留				
55	保留				

3. STA 控制参数

控制参数如表 B-3 所示。

表 B-3　控制参数一览表(状态控制字 1)

参数序号	名　称	功　能	说　明
0	STA-0	位置指令接口选择	0:串行脉冲; 1:NCUC 总线
1	STA-1	保留	
2	STA-2	是否允许反馈断线报警	0:允许; 1:不允许
3	STA-3	是否允许系统超速报警	0:允许; 1:不允许
4	STA-4	是否允许位置超差报警	0:允许; 1:不允许
5	STA-5	是否允许软件过热报警	0:允许; 1:不允许
6	STA-6	是否允许由系统内部启动 SVR-ON 控制	0:不允许; 1:允许
7	STA-7	是否允许主电源欠压报警	0:允许; 1:不允许
8	STA-8	是否允许正向超程开关输入	0:不允许; 1:允许
9	STA-9	是否允许反向超程开关输入	0:不允许; 1:允许
10	STA-10	是否允许正负转矩限制	0:不允许; 1:允许
11	STA-11	保留	

续表

参数序号	名　称	功　能	说　明
12	STA-12	是否允许伺服电动机过热报警	0:允许; 1:不允许
13	STA-13	电子齿轮比动态切换选择	0:不允许动态切换电子齿轮比; 1:允许动态切换电子齿轮比(PA13、PA14、PA29为有效的电子齿轮比)
14	STA-14	增益切换使能	用于位置控制 0:不允许增益切换 1:允许增益切换
15	STA-15	是否允许驱动单元过热报警	0:允许; 1:不允许

4.STB扩展控制参数

扩展控制参数如表B-4所示。

表 B-4　扩展控制参数一览表(状态控制字2)

参数号	名　称	功　能	说　明
0	STB-0	脉冲指令来源	0:位置脉冲来自上位机; 1:位置脉冲来自内部PA-20
1	STB-1	零速开关使能	0:不允许零速开关输入; 1:允许
2	STB-2	输出Z脉冲宽度是否扩展	0:不扩展; 1:扩展
3	STB-3	定位完成输出模式选择	0:位置跟踪偏差小于限定值; 1:无位置指令输入且位置跟踪偏差小于限定值
4	STB-4	电子齿轮功能选择	0:选择参数PA-13和PA-14; 1:选择PB-41指令脉冲对应的反馈个数计算电子齿轮比
5	STB-5	速度自适应功能选择	0:不选择; 1:选择
6	STB-6	保留	
7	STB-7	位置滤波器选择	0:低通滤波器; 1:平滑滤波器
8	STB-8	是否允许使用急停功能	0:不允许; 1:允许
9	STB-9	力矩电动机模式选择	0:电动机为普通伺服电动机; 1:电动机为力矩伺服电动机
10	STB-10	脉冲分频输出方式使能	0:增量式编码器直接输出; 1:数字式编码器分频输出

参数号	名　称	功　能	说　明
11	STB-11	速度反馈滤波器选择	0：一阶低通滤波器； 1：二阶低通滤波器
12,13	STB-12 STB-13	全闭环位置反馈信号 类型选择	增量式编码器反馈： STB－13＝0,STB－12＝0； ENDAT 绝对式编码器反馈 STB－13＝1,STB－12＝0； 正余弦 Vpp 模拟信号反馈： STB－13＝1,STB－12＝1
14	STB-14	全闭环位置控制使能	0：禁止全闭环功能； 1：允许全闭环功能
15	STB-15	按键锁定控制选择	0：不锁定操作按键； 1：锁定按键； 解锁：SET＋MODE

附录 C HSV-180US 参数

1. PA 运动参数

适用方法中，P 表示位置控制方式(适用于主轴位置控制和主轴定向)；S 表示速度方式。

◆表示修改此参数，必须先将 PA-41 参数修改为 2003，否则修改无效。表 C-1 所示为运动参数一览表。

表 C-1 运动参数一览表

参数序号	名 称	适用方法	参数范围	缺省值	单位与说明
0	位置控制比例增益	P	10～2000	200	0.1Hz
1	转矩滤波时间常数	P,S	0～499	4	0.1ms
2	速度控制比例增益	S	25～5000	350	
3	速度控制积分时间常数	S	5～32767	30	ms
4	速度反馈滤波因子	P,S	0～9	1	
5	减速时间常数	S	1～1800	40	0.1s/8000r/min
6	加速时间常数	S	1～1800	40	0.1s/8000r/min
7	保留				
8	保留				
9	保留				
10	最大转矩电流限幅	P,S	10～300	200	电动机额定电流的 0.1～3 倍(10%～300%)
11	速度到达范围	P,S	0～32767	10	1r/min
12	位置超差检测范围	P	1～32767	30	0.1 圈
13	主轴与电动机传动比分子	P	1～32767	1	仅适用于定向控制
14	主轴与电动机传动比分母	P	1～32767	1	仅适用于定向控制
15	保留				
16	C 轴前馈控制增益	P	0～100	0	
17	最高速度限制	P,S	1000～25000	9000	1r/min
18	过载电流设置	P,S	10～200	150	电动机额定电流的 10%～200%
19	系统过载允许时间设置	P,S	10～30000	100	0.1s
20	内部速度	S	−20000～20000	0	1r/min
21	JOG 运行速度	P,S	0～500	300	1r/min
22	保留				

参数序号	名　　称	适用方法	参数范围	缺省值	单位与说明
23	控制方式选择	P,S	0～3	1	选择驱动单元的控制方式。 0:C 轴位置控制方式,接收位置脉冲输入指令; 1:外部速度控制方式,接收外部速度模拟输入指令; 2:外部速度控制方式,接收外部速度脉冲输入指令; 3:内部速度控制方式:由参数 PA-20 设定内部速度
24	主轴电动机磁极对数◆	P,S	1～4	2	
25	主轴电动机编码器分辨率 ◆	P,S	0～3601	0	0:1024 pps; 1:2048 pps; 2:2500 pps; 3:256 线正余弦增量编码器; 4:EQN1325/1313; 5:其他正余弦增量式编码器; 如 1201 为 1200 线正余弦增量式编码器,个位 1 表示正余弦信号
26	同步主轴电动机偏移量补偿 ◆	P,S	−32767～32767	0	
27	电流控制比例增益 ◆	P,S	25～32767	1000	
28	电流控制积分时间常数 ◆	P,S	1～32767	50	0.1ms
29	零速到达范围	P,S	0～300	10	1r/min
30	速度倍率	S	1～256	64	1/64
31	状态控制字 1		−32768～32767	4097	对应 STA15-STA0
32	状态控制字 2		−32768～32767	0	对应 STB15-STB0
33	IM 磁通电流	P,S	10～80	60	对应异步电动机额定电流的 10%～80%
34	IM 主轴电动机转子电气时间常数	P,S	1～4500	1500	0.1ms
35	IM 主轴电动机额定转速	P,S	100～12000	1500	1r/min

续表

参数序号	名 称	适用方法	参数范围	缺省值	单位与说明
36	IM最小磁通电流	P,S	5～30	10	5％～30％的磁通电流
37	主轴定向完成范围	P	0～100	10	脉冲
38	主轴定向速度	P	40～600	100	1r/min
39	主轴定向位置	P	−32767～32767	0	脉冲
40	分度定向增量角度	P	0～32767	0	分度定向增量角度＝PA-40参数×360÷ppr0÷8×分度增量定向角度倍率； ppr0：当13号参数为0时，主轴电动机光电编码器分辨率×4； 当13号参数为1时，主轴编码器分辨率×4； 分度增量定向角度倍率：由开关量INC_Sel1和INC_Sel2决定
41	保留		0～2003	340	查询时显示软件版本。 1230：保存参数密码； 2003：查看扩展参数； 315：修改扩展参数
42	位置控制方式速度比例增益	P	25～5000	450	
43	位置控制方式速度积分时间常数	P	5～32767	20	1ms
44	定向方式位置比例增益	P	10～2000	200	0.1Hz
45	定向方式磁通电流	P	30～150	110	对应定向方式下使用的异步电动机的励磁电流(10％～300％)
46	位置控制方式磁通电流	P	30～150	110	对应C轴方式下使用的异步电动机的励磁电流(30％～150％)
47	主轴编码器分辨率	P,S	1～32767	4096	4倍频
48	定向起始偏移角度	P,S	0～18	0	200
49	C轴电子齿轮比分子	P	1～32767	1	
50	C轴电子齿轮比分母	P	1～32767	1	
51	串行通信波特率	P,S	0～5	2	
52	通信子站地址	P,S	1～63	1	

续表

参数序号	名称	适用方法	参数范围	缺省值	单位与说明
53	IM 电动机额定电流	P,S	60～1500	188	0.1A
54	IM 第二速度点对应的最大负载电流	P,S	100～3000	200	此值应小于等于 PA-10
55	IM 第二负载电流的限幅速度	P,S	500～10000	2000	1r/min；必须大于等于 PA-35
56	PM 主轴电动机额定电流	P,S	100～3000	420	0.1A
57	PM 主轴电动机额定转速	P,S	100～5000	2000	1r/min
58	PM 主轴电动机弱磁起始点速度	P,S	100～10000	2500	1r/min；必须大于等于 PA-57
59	驱动单元及电动机类型代码 ◆	P,S	0～799	202	百位表示驱动单元型号。 0：35A； 1：50A； 2：75A； 3：100A； 4：150A； 5：200A； 6：300A； 7：450A； 十位及个位表示电动机代码

2. 控制参数

控制参数如表 C-2 及表 C-3 所示。

表 C-2　控制参数一览表（状态控制字 1）

参数序号	名称	功能	说明
0	STA-0	指令来源选择	0：根据参数 PA-20 设置； 1：NCUC 总线
1	STA-1	位置指令脉冲方向或速度指令输入取反	0：正常； 1：反向
2	STA-2	是否允许反馈断线报警	0：允许； 1：不允许
3	STA-3	是否允许系统超速报警	0：允许； 1：不允许

续表

参数序号	名称	功　能	说　明
4	STA-4	是否允许位置超差报警	0:允许; 1:不允许
5	STA-5	是否允许系统过载报警	0:允许; 1:不允许
6	STA-6	是否允许由系统 内部启动 SVR-ON 控制	0:外部使能; 1:内部使能
7	STA-7	是否允许主电源欠压报警	0:允许; 1:不允许
8	STA-8	是否允许模式开关切换功能	0:不允许; 1:允许
9	STA-9	保留	
10	STA-10	是否选择外部开关定向	0:不选择; 1:选择
11	STA-11	主轴编码器位置反馈脉冲取反	0:正常; 1:反馈脉冲取反
12	STA-12	是否允许系统或电动机过热报警	0:允许; 1:不允许
13	STA-13	全闭环 C 轴控制反馈选择	0:选择电动机编码器反馈; 1:选择主轴编码器反馈
14	STA-14	主轴定向旋转方向设定	0:正转定向(CCW); 1:反转定向(CW)
15	STA-15	主轴定向编码器选择	0:电动机编码器定向; 1:主轴编码器定向

表 C-3　控制参数一览表(状态控制字 2)

参数序号	名称	功　能	说　明
0	STB-0	速度反馈滤波方式选择	0:一阶低通滤波; 1:二阶低通滤波
1	STB-1	主轴电动机类型选择	0:异步主轴电动机; 1:同步主轴电动机
2	STB-2	IM 弱磁方法选择	0:闭环控制方法; 1:开环修正方法
3	STB-3	IM 滑差补偿选择	0:不补偿; 1:补偿
4	STB-4	是否允许系统过热报警	0:允许; 1:不允许

参数序号	名称	功　　能	说　　明
5	STB-5		
6	STB-6	PWM 频率选择	0：10K； 1：5K
7	STB-7		
8	STB-8		
9	STB-9		
10	STB-10		
11	STB-11		
12	STB-12		
13	STB-13		
14	STB-14		
15	STB-15	操作面板按键锁定控制	0：不锁定操作按键； 1：锁定按键（解锁 SET＋MODE）

附录 D   HNC-8 系列数控系统 F/G 寄存器总表

表 D-1 所示为 HNC-8 系列数控装置 F/G 寄存器总表。

表 D-1   HNC-8 系列数控装置 F/G 寄存器总表

	F 寄存器	F(状态字)寄存器含义	G 寄存器	G(控制字)寄存器含义
	每80一组逻辑轴			
	F0.0、F80.0…	判断轴是否移动中(1为移动中)	G0.0、G80.0…	正限位开关
	F0.1、F80.1…	回零第一步（碰挡位开关）	G0.1、G80.1…	负限位开关
	F0.2、F80.2…	回零第二步（找 Z 脉冲）	G0.2、G80.2…	正向禁止
	F0.3、F80.3…	回零不成功	G0.3、G80.3…	负向禁止
	F0.4、F80.4…	回零完成	G0.4、G80.4…	回零指令
	F0.5、F80.5…	从轴回零中	G0.5、G80.5…	回零挡块
	F0.6、F80.6…	从轴零点检查完成	G0.6、G80.6…	机床轴锁住
	F0.7、F80.7…	从轴的跟随状态已经解除	G0.7、G80.7…	轴控制使能开关
	F0.8、F80.8…	轴已经在第一参考点上	G0.8、G80.8…	从轴零点检查使能，由 PLC 控制
轴	F0.9、F80.9…	轴已经在第二参考点上	G0.9、G80.9…	从轴来的零点检查请求跟随轴置，作用到引导轴
	F0.10、F80.10…	轴已经在第三参考点上	G0.10、G80.10…	从轴零点偏差重置
	F0.11、F80.11…	轴已经在第四参考点上	G0.11、G80.11…	从轴耦合解除PLC，作用到跟随轴
	F0.12、F80.12…	系统把轴脱开，PLC 拿到此信号后清除轴的使能	G0.12、G80.12…	脱机指令
	F0.13、F80.13…		G0.13、G80.13…	采样信号
	F0.14、F80.14…	轴已经锁住	G0.14、G80.14…	补偿扩展
	F0.15、F80.15…		G0.15、G80.15…	单轴复位
	F1.0、F81.0…	PLC 移动控制使能	G1.0、G81.0…	PMC 绝对运动控制
	F1.1、F81.1…		G1.1、G81.1…	PMC 增量运动控制
	F1.2、F81.2…		G1.2、G81.2…	第二软限位使能
	F1.3、F81.3…		G1.3、G81.3…	扩展软限位使能
	F1.4、F81.4…		G1.4、G81.4…	
	F1.5、F81.5…		G1.5、G81.5…	

轴					
	F1.6、F81.6…			G1.6、G81.6…	
	F1.7、F81.7…			G1.7、G81.7…	
	F1.8、F81.8…			G1.8、G81.8…	
	F1.9、F81.9…			G1.9、G81.9…	
	F1.10、F81.10…			G1.10、G81.10…	
	F1.11、F81.11…			G1.11、G81.11…	
	F1.12、F81.12…			G1.12、G81.12…	
	F1.13、F81.13…			G1.13、G81.13…	
	F1.14、F81.14…			G1.14、G81.14…	
	F1.15、F81.15…			G1.15、G81.15…	
	F2.0、F82.0…	指示捕获到一次 Z 脉冲		G2.0、G82.0…	捕获零脉冲
	F2.1、F82.1…	伺服接收到一个增量数据，当为 0 时可继续传送		G2.1、G82.1…	等待零脉冲
	F2.2、F82.2…	在缓冲区中没有数据		G2.2、G82.2…	关闭找零脉冲功能
	F2.3、F82.3…	第二编码器零点标志		G2.3、G82.3…	捕获第二编码器零脉
	F2.4、F82.4…	伺服反馈回零标志		G2.4、G82.4…	
	F2.5、F82.5…			G2.5、G82.5…	
	F2.6、F82.6…			G2.6、G82.6…	
	F2.7、F82.7…	编码器没有反馈标志		G2.7、G82.7…	
	F2.8、F82.8…	总线伺服准备好		G2.8、G82.8…	
	F2.9、F82.9…	伺服驱动单元为位置工作模式		G2.9、G82.9…	切换到位置控制
	F2.10、F82.10…	伺服驱动单元为速度工作模式		G2.10、G82.10…	切换到速度控制
	F2.11、F82.11…	伺服驱动单元为力矩工作模式		G2.11、G82.11…	切换到力矩控制
	F2.12、F82.12…			G2.12、G82.12…	主轴定向
	F2.13、F82.13…			G2.13、G82.13…	
	F2.14、F82.14…	主轴速度到达		G2.14、G82.14…	

轴	F2.15、F82.15…	主轴零速（0 为零速，1 为还有速度）	G2.15、G82.15…	
	F3.0、F83.0…		G3.0、G83.0…	伺服使能开关
	F3.1、F83.1…		G3.1、G83.1…	
	F3.2、F83.2…		G3.2、G83.2…	
	F3.3、F83.3…		G3.3、G83.3…	
	F3.4、F83.4…		G3.4、G83.4…	
	F3.5、F83.5…		G3.5、G83.5…	
	F3.6、F83.6…		G3.6、G83.6…	
	F3.7、F83.7…		G3.7、G83.7…	
	F3.8、F83.8…	主轴定向完成	G3.8、G83.8…	
	F3.9、F83.9…		G3.9、G83.9…	
	F3.10、F83.10…		G3.10、G83.10…	
	F3.11、F83.11…		G3.11、G83.11…	
	F3.12、F83.12…		G3.12、G83.12…	
	F3.13、F83.13…		G3.13、G83.13…	
	F3.14、F83.14…		G3.14、G83.14…	
	F3.15、F83.15…		G3.15、G83.15…	
	F4、F84…	轴所属的通道号（此值用十进制存储）	G4、G84…	轴的点动按键开关
	F5、F85…	引导的从轴个数（此值用十进制存储）	G5、G85…	轴的步进按键开关
	F6、F7（32 位）	实时的输出指令增量，米制单位	G6、G7（32 位）	点动速度值（0,停止;1,参数中的手动速度;2,参数中的快移速度;>2,自定义的速度单位脉冲/周期）
	F8～F11（64 位）	实时的输出指令位置，米制单位	G8	步进倍率
	F12～F15（64 位）	输出指令位置，脉冲单位	G9	手摇倍率
	F16～F17（32 位）	每个指令周期内输出的增量值,脉冲单位	G10、G11	手摇脉冲数
	F18～F19（32 位）	实时的输出指令力矩	G12～G15（64 位）	实时的轴反馈位置,脉冲单位（连续40 个字节输入）

轴	F20～F23（64 位）	1 号编码器反馈实际位置，米制单位	G16～G19（64 位）	实时的轴反馈位置
	F24～F27（64 位）	2 号编码器反馈实际位置，米制单位	G20～G21（32 位）	轴的实际速度，脉冲单位
	F28～F31（64 位）	机床指令位置，米制单位	G22～G23（32 位）	轴的实际速度
	F32～F35（64 位）	机床实际位置，米制单位	G24～G25（32 位）	轴的实际力矩
	F36～F37（32 位）	轴报警	G26～G27（32 位）	跟踪误差
	F38～F39（32 位）	轴提示信息标志，定义在 syserr. h	G28～G31（64 位）	编码器 1 的计数器值
	F40～F41	轴最大速度	G32～G35（64 位）	编码器 2 的计数器值
	F42～F43	回零开关至 Z 脉冲的距离	G36～G37（32 位）	实时补偿值
	F44	最大加速度	G38～G39（32 位）	采样时间
	F45	波形指令周期	G40～G43（64 位）	锁存位置 1，用于 G31 或距离码回零
	F46～F49	总补偿值，包括静态补偿和动态补偿	G44～G47（64 位）	锁存位置 2
	F50～53	同步位置偏差	G48～G51（64 位）	PMC 目的位置
	F54～F55	同步速度偏差	G52～G55（64 位）	PMC 增量位移
	F56～F57	同步电流偏差		
	F58～F59	跟随误差动态补偿值		
通道	状态字（每 80 一组通道）		控制字	
	F2560.0	最低 4 位用 0～7 来表示当前工作模式。 0：复位模式； 1：自动模式； 2：手动模式； 3：增量模式； 4：手摇模式； 5：回零模式； 6：PMC 模式； 7：单段模式； 8：MDI 模式	G2560.0	最低 4 位用 0～7 来表示当前工作模式。 0：复位模式； 1：自动模式； 2：手动模式； 3：增量模式； 4：手摇模式； 5：回零模式； 6：PMC 模式； 7：单段模式； 8：MDI 模式
	F2560.1		G2560.1	
	F2560.2		G2560.2	
	F2560.3		G2560.3	
	F2560.4	进给保持	G2560.4	进给保持

F2560.5	循环启动	G2560.5	循环启动
F2560.6	空运行	G2560.6	空运行
F2560.7	有运动的用户干预中	G2560.7	测量中断
F2560.8	正在切削	G2560.8	
F2560.9	车螺纹标	G2560.9	PLC对数控系统复位的应答
F2560.10	CH_STATE_PARKING	G2560.10	内部复位操作面板复位
F2560.11	校验标	G2560.11	ESTOP(急停)
F2560.12	上层复位	G2560.12	清除通道缓冲
F2560.13		G2560.13	复位通道(外部)
F2560.14	复位中	G2560.14	通道数据恢复
F2560.15	通道内有轴回零找Z脉冲,禁止切换模式	G2560.15	通道数据保存
工位关联		解释器控制字	
F2561.0	程序选中:译码器置	G2561.0	解释器启动
F2561.1	程序启动:通道控制置	G2561.1	程序重新运行第二步
F2561.2	程序完成:通道控制置	G2561.2	跳段
F2561.3	G28/G31等中断指令完成	G2561.3	选择停
F2561.4	中断指令跳过	G2561.4	解释器复位
F2561.5	等待指令完成	G2561.5	程序重新运行
F2561.6	程序重运行复位	G2561.6	MDI复位到程序头
F2561.7	任意行请求标志	G2561.7	解释器数据恢复
F2561.8	通道加载断点	G2561.8	解释器数据保存
F2561.9		G2561.9	
F2561.10		G2561.10	用户运动控制
F2561.11		G2561.11	外部中断
F2561.12		G2561.12	
F2561.13		G2561.13	学习
F2561.14		G2561.14	主轴外部修调使能

通道

通道	F2561.15		G2561.15	进给外部修调使能
	通道 MST 指令字		通道 MST 指令应答字	
	F2562.0		G2562.0	通道 M 指令应答字
	F2562.1		G2562.1	
	F2562.2		G2562.2	
	F2562.3		G2562.3	
	F2562.4		G2562.4	
	F2562.5		G2562.5	
	F2562.6		G2562.6	
	F2562.7		G2562.7	
	F2562.8	选刀标记	G2562.8	通道 T 指令应答字
	F2562.9	刀偏标记（T 中含刀偏号）	G2562.9	通道 B 指令应答字
	F2562.10	PLC 分度指令标记	G2562.10	通道 MST 忙
	F2562.11	主轴恒线速	G2562.11	通道 MST 锁
	F2562.12	第一个 S 指令	G2562.12	1 号主轴 S 指令应答字
	F2562.13	第二个 S 指令	G2562.13	2 号主轴 S 指令应答字
	F2562.14	第三个 S 指令	G2562.14	3 号主轴 S 指令应答字
	F2562.15	第四个 S 指令	G2562.15	4 号主轴 S 指令应答字
	F2563～F2568	保留	G2563	T 指令
	F2569 (16 位)	T 刀偏号	G2564	进给修调
	F2570～2577 (8*16 位)	通道主轴 S 指令，四个主轴，单位为 r/min	G2565	快移修调
	F2578～2579 (32 位)	发生测量中断的 G31 行	G2566～2569	主轴 1 号、2 号、3 号、4 号修调
	F2580 (16 位)	当前运行的坐标系	F2570～2577	主轴输出指令 (PLC 根据 F 中的 s 做换挡处理后给 G)

续表

系统				
	F2581～F2589 (9＊16位)	通道轴号	G2578	刀具外部控制标志。PLC：0→1，NC；1→2，PLC：2→0；轨迹示教 NC：257 直线，258 顺圆，259 逆圆
	F2590～F2593 (4＊16位)	通道主轴号	G2579	加工计件
	F2594～F2595 (32位)	语法错报警号	G2580～G2581	禁区取消（位有效）
	F2596～F2599 (64位)	通道报警字，64个通道报警	G2582	G31 的编号
	F2600～F2603 (64位)	通道提示信息标志，定义在 syserr.h	G2584～G2587 (64位)	用户位输入
	F2604～F2607 (64位)	用户输出	G2588～G2607	用户数值（AD)输入
	F2608～F2615 (8＊16位)	通道 M 指令，可同时执行 8 个 M 指令	G2608～G2615	REG_CH_MCODE_ACK
	F2616（16位）	T 刀具号	G2616	REG_CH_TCODE_ACK
	F2617（16位）	镗床 B 轴 PLC 执行，另外分度用 B 指令	G2617	REG_CH_BCODE_ACK
			G2620.0～G2620.7	0：自动；1：单段；2：手动；3：增量；4：回零；5：手摇；6：PMC；7：面板使能
			G2620.8～G2620.9	增量倍率：增量倍率占用 2 位
			G2620.10	设置通道 0 中的所有轴的移动方式为快移方式
			G2621.0～2621.7	手摇轴选：手摇每个轴选占 4 位，4 位合并的数字代表当前的轴选
			G2621.8～G2621.11	手摇倍率：手摇每个倍率占用 2 位，2 位合并的数字代表当前的倍率

系统			
		G2621.12	手摇 1 使能
		G2622~ G2623	设置轴正/负向移动标记
		G2626.0	通道报警位
		G2626.1	通道提示位
		G2960.0	第一次松开急停标志
		G2960.6	程序锁,设置 1 时才能编辑程序
状态字(80 组) F2960+80		控制字(80 组) F2960+80	
F2960~F2961 系统状态字		G2960~ G2961 系统状态字	
F2960.0	SYS_STATUS_ON	G2960.0	数控系统初始化 SYS_CTRL_INIT
F2960.1	SYS_PLC_ONOFF	G2960.1	系统退出 SYS_CTRL_EXIT
F2960.2	系统急停标志字	G2960.2	外部急停
F2960.3	系统复位标志字	G2960.3	外部复位
F2960.4	断电中	G2960.4	断电通知
F2960.5	保存数据中	G2960.5	数据保存通知
F2960.6	扫描模式的同步状态	G2960.6	
F2960.7	挂起	G2960.7	挂起
F2960.8	采样状态标记	G2960.8	
F2960.9	采样结束标志	G2960.9	
F2960.10	8 个通道的活动标志	G2960.10	
F2960.11		G2960.11	采样使能标记
F2960.12		G2960.12	采样关闭标记
F2960.13		G2960.13	
F2960.14		G2960.14	
F2960.15		G2960.15	
F2962~F2969	预留 8 个控制主站的状态字	G2962~G2969	预留 8 个控制主站的控制字
F2962.0	0:主站控制空闲中;1: 主站控制复位中	G2962.0	初始化
F2962.1	主站控制侦测中	G2962.1	复位

	F2962.2	主站控制编址中	G2962.2	侦测
	F2962.3	主站控制读控制对象数据中	G2962.3	编址
	F2962.4	主站控制网络 OK	G2962.4	读控制对象数据
	F2962.5	主站控制建立映射中	G2962.5	BUS-NC 数据地址映射
	F2962.6	主站控制总线准备好	G2962.6	断开连接
	F2962.7	主站控制通信运行	G2962.7	运行
	F2962.8		G2962.8	
	F2962.9		G2962.9	
	F2962.10		G2962.10	
	F2962.11		G2962.11	
	F2962.12		G2962.12	
	F2962.13		G2962.13	
	F2962.14		G2962.14	
	F2962.15		G2962.15	
系统	F2970～F2977	预留8个控制主站的报警字	G2970	系统活动通道标志(位表示)
	F2970.0	总线连接不正常	G2970.0	
	F2970.1	总线拓扑改变	G2970.1	
	F2970.2	总线数据帧校验错误	G2970.2	
	F2970.3	总线未知错误	G2970.3	
	F2970.4	总线主站控制周期不一致	G2970.4	
	F2970.5	总线从站设备无法辨认	G2970.5	
	F2970.6	总线从站数目不一致	G2970.6	
	F2970.7	总线从站工作模式配置出错	G2970.7	
	F2970.8	总线参数校验出错	G2970.8	
	F2970.9	总线参数读写超时	G2970.9	
	F2970.10	总线参数不存在	G2970.10	
	F2970.11	总线参数读写权限不够	G2970.11	
	F2970.12	总线参数类型错误	G2970.12	
	F2970.13		G2970.13	
	F2970.14		G2970.14	
	F2970.15		G2970.15	
	F2978	系统运动控制通道的状态字	G2978	系统运动控制通道的控制字
	F2978.0	最低4位0～7当前工作模式	G2978.0	最低4位用0～7来表示当前工作模式

系统				
F2978.1	0:复位模式; 1:自动模式; 2:手动模式;	G2978.1	0:复位模式; 1:自动模式; 2:手动模式;
F2978.2	3:增量模式; 4:手摇模式; 5:回零模式;	G2978.2	3:增量模式; 4:手摇模式; 5:回零模式;
F2978.3	6:PMC 模式; 7:单段模式; 8:MDI 模式	G2978.3	6:PMC 模式; 7:单段模式; 8:MDI 模式
F2978.4		G2978.4	
F2978.5		G2978.5	
F2978.6		G2978.6	
F2978.7		G2978.7	
F2978.8		G2978.8	
F2978.9		G2978.9	
F2978.10		G2978.10	
F2978.11		G2978.11	
F2978.12		G2978.12	
F2978.13		G2978.13	
F2978.14		G2978.14	
F2978.15		G2978.15	
F2980～F2999	手摇编码器周期计数增量(每个 F 寄存器对应一个手摇增量)	G2980～G2989	手摇的控制字(上一个轴选)
F3000～F3009	手摇编码器的标志(输入)	G2990～G3009	手摇的显示输出
F3000.0	最低 4 位手摇倍率(对特定总线手摇生效)		
F3000.1		G3010～G3025	PLC 外部报警,同时可有 8×32=256 种 PLC 外部报警
F3000.2			
F3000.3		G3040～G3055	PLC 外部事件,同时可有 8×32=256 种 PLC 外部事件

续表

系统	F3000.4	手摇轴选掩码（对特定总线手摇生效）		
	F3000.5		G3056～G3079	PLC 外部提示信息标志,同时可有 12×32 两种 PLC 提示信息,MC 机床通道占用的定义在 syserr.h
	F3000.6			
	F3000.7		G3080～G3099	温度传感器值
	F3000.8	手摇准备好标志（手摇与步进共用模式下选择开关时有效）		
	F3000.9	手摇有效		
	F3000.10			
	F3000.11			
	F3000.12			
	F3000.13			
	F3000.14			
	F3000.15			

参 考 文 献

［1］ 唐小琦,徐建春.华中数控系统电气联接与控制手册［M］.北京:机械工业出版社,2012.